高等学校规划教材

机械制造工艺及专用夹具设计指导

（第2版）

主　编　孙丽媛

副主编　姚桂艳　雒运强　张嘉钰

参　编　王秀玲　邓　飞

北　京

冶金工业出版社

2019

内 容 简 介

本书以设计机械零件的机械加工工艺规程和专用夹具为重点,以介绍设计方法为宗旨,为学生进行课程设计提供了详细的设计指导、设计范例及工艺设计资料等,力求简明、实用。

全书共分 5 章,第 1 章为机械制造工艺学课程设计指导;第 2 章为机械制造工艺规程与专用夹具设计的基本要求、内容和步骤;第 3 章为机床夹具公差和技术要求的制订;第 4 章为常用的一些工艺标准资料及其应用;第 5 章选编了一些机械制造工艺学课程设计的题目。

本书可供机械设计制造及自动化专业的学生进行机械制造工艺课程设计和毕业设计时使用,也可供有关工程技术人员参考。

图书在版编目(CIP)数据

机械制造工艺及专用夹具设计指导/孙丽媛主编. —2 版 . —北京:
冶金工业出版社,2010.5 (2019.1 重印)
高等学校规划教材
ISBN 978-7-5024-5127-1

Ⅰ.① 机… Ⅱ.① 孙… Ⅲ.① 机械制造工艺—高等学校—教材
② 机床夹具—高等学校—教材 Ⅳ.① TH16 ② TG75

中国版本图书馆 CIP 数据核字(2010)第 065086 号

出 版 人 谭学余
地　　址 北京市东城区嵩祝院北巷 39 号 邮编 100009 电话 (010)64027926
网　　址 www. cnmip. com. cn 电子信箱 yjcbs@ cnmip. com. cn
责任编辑 李枝梅 美术编辑 李 新 版式设计 张 青
责任校对 卿文春 责任印制 牛晓波
ISBN 978-7-5024-5127-1
冶金工业出版社出版发行;各地新华书店经销;固安华明印业有限公司印刷
2002 年 12 月第 1 版,2010 年 5 月第 2 版,2019 年 1 月第 4 次印刷
787mm×1092mm 1/16;8.75 印张;229 千字;130 页
20.00 元
冶金工业出版社 投稿电话 (010)64027932 投稿信箱 tougao@ cnmip. com. cn
冶金工业出版社营销中心 电话 (010)64044283 传真 (010)64027893
冶金工业出版社天猫旗舰店 yjgycbs. tmall. com
(本书如有印装质量问题,本社营销中心负责退换)

第 2 版前言

本书将机械制造工艺学和机床夹具设计原理融会于一体，以介绍设计方法为宗旨，对机械加工工艺规程的设计和专用夹具设计进行指导，本书第 1 版自 2002 年 12 月出版后，已使用 7 年，深受读者欢迎。在此期间，我国的相关标准在不断更新，高等学校的教学改革也在不断的深入，有鉴于此，特对本书下列内容进行了修改：

(1) 用新的标准替换了旧标准；

(2) 对某些内容进行了修改和删除，也补充了一些必要的内容。

本书经修订后仍保持了原书便于教学和设计的特点。

在此对使用本书的读者表示深深的谢意。若有不足之处，恳请批评指正。

编　者

2009 年 10 月

第 1 版前言

为了指导学生做好机械制造工艺与专用夹具设计，使同学们能够正确掌握设计的基本要求、内容、方法、步骤和进度等，我们根据教学需要和生产实际要求，结合我们多年的教学和工作实践，编写了这本《机械制造工艺及专用夹具设计指导》。

全书采用国家法定计量单位，采用国家和机械行业的现行标准，为了节省篇幅，有的标准仅摘录了其中常用部分。

本书共分5章，第1章为机械制造工艺学课程设计的指导；第2章为机械制造工艺规程与专用夹具设计的基本要求、内容和步骤；第3章为机床夹具公差和技术要求的制订；第4章为常用的一些工艺标准资料及应用；第5章选编了一些机械制造工艺学课程设计的题目。

本书的不足之处，恳请读者批评指正。

编　者
2009 年 9 月

目　　录

1 机械制造工艺学课程设计指导

1.1 课程设计指导

1.1.1 设计的目的和要求

1.1.1.1 目的

机械制造工艺课程设计是在完成机械制造工艺学及机床夹具设计等课程的学习任务后,进行了生产实习的基础上安排的一个教学环节。它要求学生全面地综合运用本课程及其有关已修课程的理论和实践知识进行工艺及结构的设计,也为以后搞好毕业设计进行一次预备训练。其目的在于:

(1) 培养学生运用机械制造工艺学及有关课程(工程材料与热处理、机械设计、互换性与测量技术、金属切削机床、金属切削原理与刀具等)的知识,结合生产实践中学到的知识,独立地分析和解决工艺问题,初步具备设计一个中等复杂程度零件的加工工艺规程的能力。

(2) 能根据被加工零件的技术要求,运用夹具设计的基本原理和方法,学会拟订夹具设计方案,完成夹具结构设计,初步具备设计高效、省力、经济合理并能保证加工质量的专用夹具的能力。

(3) 培养学生熟悉并运用有关手册、标准、图表等技术资料的能力。

(4) 进一步培养学生识图、制图、运算和编写技术文件等基本技能。

1.1.1.2 要求

本次设计要求编制一个中等复杂程度零件的机械加工工艺规程,按教师的指定,设计其中一道工序的专用夹具,并撰写设计说明书。学生应在教师的指导下,认真、有计划地按时完成设计任务。学生必须以负责的态度对待自己所作的技术决定、数据和计算结果,注意理论与实践的结合,以期使整个设计在技术上是先进的,在经济上是合理的,在生产中是可行的。

机械制造工艺学课程设计题目一律定为:××零件的机械加工工艺规程制订及×××工序专用夹具的设计。

生产类型为中批或大批生产。

设计的具体要求包括:

零件图	1 张
毛坯图	1 张
机械加工工艺卡片(或工艺过程卡片和工序卡片)	1 套
夹具总装图	1 张
夹具主要零件图	若干张
课程设计说明书	1 份

1.1.2 设计的内容和步骤

本设计的主要内容和步骤如下:

（1）确定生产类型（一般为中批或大批生产），对零件进行工艺分析,画零件图。

（2）确定毛坯种类及制造方法,绘制毛坯图(零件-毛坯合图)。

（3）拟订零件的机械加工工艺过程,选择各工序的加工设备和工艺装备(刀具、夹具、量具、辅具),确定各工序加工余量和工序尺寸,计算各工序的切削用量和工时定额,进行技术经济分析。

（4）填写工艺文件：工艺过程卡片（或工艺卡片）、工序卡片。

（5）设计指定工序的专用夹具,绘制装配总图和主要零件图 1 ~ 3 张。

（6）撰写设计说明书。

1.1.3 设计的要点和注意事项

1.1.3.1 对工艺规程的基本要求

基本的要求是优质、高产、低消耗。首先是保证零件的加工质量,要在此前提下,提高生产效率,降低消耗,以取得较好的经济效益和社会效益。

1.1.3.2 毛坯图的绘制

（1）用双点划线画出简化了的零件图。

（2）粗实线绘出毛坯形状。

（3）将毛坯的尺寸和极限偏差标注在尺寸线的上方。

（4）应注明一些特殊余块。例如热处理工艺夹头、机械试验和金相试验用试棒、机械加工用的工艺夹头等的位置。

（5）对于图上无法或不便表示的条件,应以技术要求的形式写明。例如,图上未注明的圆角半径和模锻斜度;锻件热处理及其硬度;表面质量要求(允许表面凹坑、折叠和裂纹等缺陷的位置及深度,残余飞边的宽度等);特殊实验(拉力试验、冲击试验、碳化物偏析试验等)要求;锻件试块的留放位置或增加试验用锻件的数量;其他要求(如上下模允许的错型值、同轴度、轴线的直线度和重量要求等)。

毛坯图的示例见图 1-1 和图 1-2。

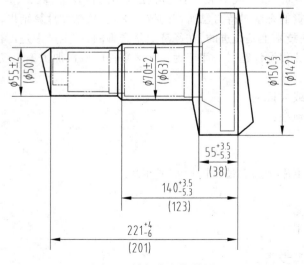

图 1-1 轴的自由锻件图

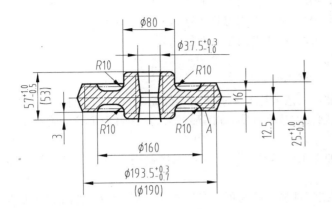

技术要求

1. 未注出的模锻斜度为5°
2. 热处理：正火 HB156~207
3. 毛刺不大于 1mm
4. 表面缺陷深度：非加工面不大于 0.5mm；
   加工面不大于实际余量的 1/2
5. 下平面A的平面度公差 0.8mm
6. 上下模的错差不大于 1mm

图 1-2　齿轮的模锻件图

1.1.3.3　关于工艺路线的拟订

在选择加工方法、安排加工顺序时,要考虑和注意以下事项:

(1) 表面成形。应首先加工出精基准面,再尽量以统一的精基准定位加工其余表面,并要考虑到各种工艺手段最适合加工什么表面。

(2) 保证质量。应注意到在各种加工方案中保证尺寸精度、形状精度和表面相互位置精度的能力;是否要粗精分开,加工阶段应如何划分;怎样保证工件无夹压变形;怎样减少热变形;采用怎样的热处理手段以改善加工条件、消除应力和稳定尺寸;如何减小误差复映;对某些相互位置精度要求极高的表面,可考虑采用互为基准反复加工的办法等。

(3) 减小消耗,降低成本。要注意发挥工厂原有的优势和潜力,充分利用现有的生产条件和设备;尽量缩短工艺准备时间并迅速投产,避免贵重稀缺材料的使用和消耗。

(4) 提高生产率。在现有通用设备的基础上考虑成批生产的工艺时,工序宜分散,并配备足够的专用工艺装备;当采用高效机床、专用机床或数控机床时,工序宜集中以提高生产效率,保证质量。应尽可能减少工件在车间内和车间间的流动,必要时考虑引进先进、高效的工艺技术。

(5) 工艺方案的对比取舍。为保证质量的可靠性,应对比各方案的生产率和经济性(注意在什么情况下主要对比不同方案的工艺成本,在什么情况下主要对比不同方案的投资回收期)。最后综合对比结果,选择最优方案。

1.1.3.4　关于机床和工艺装备的确定

(1) 在选择加工方法的同时,还要考虑选用合适的机床、夹具、刀具和量具,两者不能截然分开。

(2) 所选择的机床、夹具、刀具和量具的型、规格、精度,应与零件尺寸大小、精度、生产规模和工厂的具体条件相适应。

(3) 在课程设计中,专用夹具、专用刀具和专用量具,统一采用以下代号编号方法:

D——刀具　　J——夹具　　L——量具

C——车床　　X——铣床　　Z——钻床

B——刨床　　T——镗床　　M——磨床

专用工艺装备编号示例如下:

CJ—01　　车床专用夹具 1 号

ZD—02　　钻床专用刀具 2 号

TL—01　　镗床专用量具 1 号

1.1.3.5　关于工艺文件的填写

工艺文件的填写主要包括:

(1) 零件简图的绘制。在机械加工工艺卡片上要求绘制零件简图,在其上应标注主要的加工尺寸;各加工表面可用拉丁字母或阿拉伯数字标明,如图形过大,允许另用纸绘图附在工艺卡片上。

(2) 工序简图的画法。在机械加工工序卡片上要求绘出工序简图。对工序简图的具体要求是:

仅绘出本工序完成后的形状;根据零件加工情况可选某向视图、剖视图或局部视图,力求简明;图上工件的位置应是加工时的工作位置,允许不按比例绘制;本工序的加工表面用粗实线表示,非加工面用细实线表示;只标注本工序加工面的尺寸精度、形状精度、相互位置精度、表面粗糙度和有关技术要求;定位和夹紧应用定位夹紧元件及装置符号标出,或与定位夹紧符号混合标注;大而复杂的零件允许另用纸绘出,附在工序卡片后面(标注见第 4 章)。

(3) 卡片的填写。卡片的填写应符合以下基本要求:

内容要简要、明确;术语正确、字迹工整;所用符号、计量单位等应符合有关标准;"设备"栏一般填写设备的型号、名称,必要时还应填写设备编号;"工艺装备"栏内的刀、夹、量、辅具,其中属专用的,按专用名称(编号)填写;属标准的,填写名称、规格和精度(编号)。

1.1.4　设计说明书的编写

课程设计说明书是整个设计的重要组成部分。编写设计说明书也是对学生撰写技术性总结和文件能力的一次锻炼。

设计说明书应将设计成果、设计意图和立论根据用文、图的方式系统地表达出来。因此,内容的重点是对各方案进行全面分析、论证(包括质量、生产率和经济性三个方面),充分表达设计者在设计中考虑问题的出发点和最后决策的依据。此外,还应有各种工艺计算和说明。

设计说明书的具体内容应包括:

(1) 零件的功用、结构特点、设计基准、主要加工表面、主要技术要求和技术关键;

(2) 设计条件;

(3) 选择毛坯的说明;

(4) 选择工艺基准的说明;

(5) 各工艺方案的分析、对比与取舍;

(6) 确定机床和工艺装备的说明;

(7) 工艺尺寸的计算,加工余量的确定;

(8) 确定切削用量、单件时间和切削液的说明;

(9) 专用夹具设计方案的确定;

(10) 夹紧力的计算;

(11) 定位精度分析;

(12) 强度校核;

（13）其他需要说明的问题。

注意事项：

（1）说明书应边设计边编写，分段完成，最后综合。不要完全集中在设计后期完成，以节省时间，避免错误。

（2）说明书中应附有必要的简图和表格。

（3）所引用的公式、数据应注明来源。

（4）计算部分应有必要的计算过程。

（5）说明书应力求文字通顺、语言简明、字迹工整、图字清晰。

（6）说明书封面采用统一印发的格式。内芯用 16 开纸，四周边加框线，书写后装订成册。

1.1.5　进度与时间安排

按照教学计划，本课程设计时间为 2～4 周，其进度及时间大致分配如下：

（1）明确生产类型，熟悉零件及各种资料，对零件进行工艺分析，画零件图，约占 8%；

（2）工艺设计（画毛坯图，拟订工艺路线，选择机床和工艺装备，填写工艺过程卡片）约占 8%；

（3）工序设计（确定加工余量、工序尺寸、切削用量、时间定额，填写工序卡片）约占 20%；

（4）夹具设计（完成草图、总图、零件图）约占 45%；

（5）撰写说明书约占 15%；

（6）答辩约占 4%。

1.1.6　设计成绩的考核

学生在完成上述全部设计任务后，图样和说明书经指导教师审查签字后，在规定日期进行答辩（或质疑）。根据设计的工艺文件、图样和说明书质量，答辩时回答问题的情况，以及平时的工作态度、独立工作能力等诸方面表现，来综合评定学生的成绩。设计成绩分优、良、中、差、及格和不及格。

1.2　课程设计实例

为了便于学生做好课程设计，本节列举了课程设计实例。实例收录了往届学生实际完成的设计作业，包括设计说明书、工艺卡片及全部设计图样，供同学们参考。同时希望同学们不要拘泥于实例中的一些形式及内容，而应在老师的指导下，结合自己的题目，做出有自己特色的设计。

机 械 制 造 工 艺 学

课程设计说明书

题目：设计"万向节滑动叉"零件的机械加工工艺规程及工艺装备（年产量为 4000 件）

设计人_____

指导教师_____

××××大学

××教研室

年　　月　　日

×××式大学

机械制造工艺学课程设计任务书

题目： 设计"万向节滑动叉"零件的机械加工工艺规程及工艺装备（年产量为 4000 件）

内容：（1）零件图　　　　　　　1 张
　　　　（2）毛坯图　　　　　　　1 张
　　　　（3）机械加工工艺卡片　　1 套
　　　　（4）夹具总装图　　　　　1 张
　　　　（5）夹具零件图　　　　　1 张
　　　　（6）课程设计说明书　　　1 份

班级＿＿＿＿＿＿＿＿＿＿

学生＿＿＿＿＿＿＿＿＿＿

指导教师＿＿＿＿＿＿＿＿

教研室主任＿＿＿＿＿＿

年　　月　　日

设 计 说 明

本次设计是在我们学完了大学的全部基础课、技术基础课以及大部分专业课之后进行的。这是我们在进行毕业设计之前对所学各课程的一次深入的综合性的总复习,也是一次理论联系实际的训练。因此,它在我们四年的大学生活中占有重要的地位。

就我个人而言,我希望能通过这次课程设计对自己未来将从事的工作进行一次适应性训练,从中锻炼自己分析问题、解决问题的能力,为今后参加祖国的经济建设打下一个良好的基础。

由于能力所限,设计尚有许多不足之处,恳请各位老师给予指教。

1.2.1　零件的分析

1.2.1.1　零件的作用

题目所给定的零件是解放牌汽车底盘传动轴上的万向节滑动叉(见附图 1),它位于传动轴的端部。主要作用:一是传递扭矩,使汽车获得前进的动力;二是当汽车后桥钢板弹簧处在不同的状态时,由本零件可以调整传动轴的长短及其位置。零件的两个叉头部位上有两个 $\phi 39^{+0.027}_{-0.010}$ mm 的孔,用以安装滚针轴承并与十字轴相连,起万向联轴节的作用。零件 $\phi 65$ mm 外圆内为 $\phi 50$ mm 花键孔与传动轴端部的花键轴相配合,用于传递动力。

1.2.1.2　零件的工艺分析

万向节滑动叉共有两组加工表面,它们相互间有一定的位置要求。现分述如下:

(1) 以 $\phi 39$ mm 孔为中心的加工表面。这一组加工表面包括:两个 $\phi 39^{+0.027}_{-0.010}$ mm 的孔及其倒角,尺寸为 $118^{0}_{-0.07}$ mm 的与两孔 $\phi 39^{+0.027}_{-0.010}$ mm 相垂直的平面,还有在平面上的四个 M8 螺孔。其中,主要加工表面为 $\phi 39^{+0.027}_{-0.010}$ mm 的两个孔。

(2) 以 $\phi 50$ mm 花键孔为中心的加工表面。这一组加工表面包括: $\phi 50^{+0.039}_{0}$ mm 十六齿方齿花键孔, $\phi 55$ mm 阶梯孔,以及 $\phi 65$ mm 的外圆表面和 M60 × 1 mm 的外螺纹表面。

这两组加工表面之间有着一定的位置要求,主要是:

$\phi 50^{+0.039}_{0}$ mm 花键孔与 $\phi 39^{+0.027}_{-0.010}$ mm 二孔中心连线的垂直度公差为 100∶0.2;

$\phi 39$ mm 二孔外端面对 $\phi 39$ mm 孔垂直度公差为 0.1 mm;

$\phi 50^{+0.039}_{0}$ mm 花键槽宽中心线与 $\phi 39$ mm 中心线偏转角度公差为 2°。

由以上分析可知,对于这两组加工表面而言,可以先加工其中一组表面,然后借助于专用夹具加工另一组表面,并且保证它们之间的位置精度要求。

1.2.2　工艺规程的设计

1.2.2.1　确定毛坯的制造形式

零件材料为 45 钢。考虑到汽车在运行中要经常加速及正、反向行驶,零件在工作过程中则经常承受交变载荷及冲击性载荷,因此应该选用锻件,以使金属纤维尽量不被切断,保证零件工作可靠。由于零件年产量为 4000 件,已达到大批生产的水平,而且零件的轮廓尺寸不大,故可采用模锻成型。这对提高生产率、保证加工质量也是有利的。

1.2.2.2　基准的选择

(1) 粗基准的选择。对于一般的轴类零件而言,以外圆作为粗基准是完全合理的。但对本零件来说,如果以 $\phi 65$ mm 外圆(或 $\phi 62$ mm 外圆)表面作基准(四点定位),则可能造成这一组内

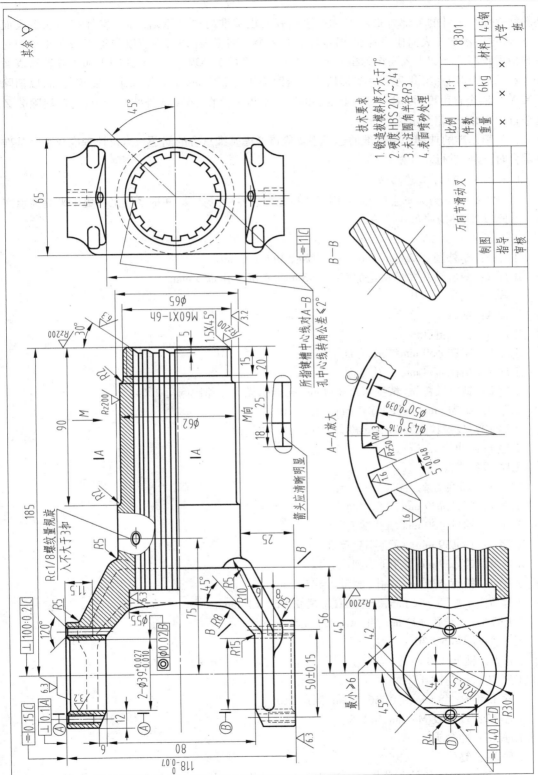

附图 1 万向节滑动叉零件图

外圆柱表面与零件的叉部外形不对称。按照有关粗基准的选择原则(即当零件有不加工表面时,应以这些不加工表面作粗基准;若零件有若干个不加工表面时,则应以与加工表面要求相对位置精度较高的不加工表面作为粗基准),现选取叉部两个 $\phi39^{+0.027}_{-0.010}$ mm 孔的不加工外轮廓表面作为粗基准,利用一组共两个短 V 形块支承这两个 $\phi39^{+0.027}_{-0.010}$ mm 的外轮廓作主要定位面,以消除 $\vec{X}\,\vec{\hat{X}}\,\vec{Y}\,\vec{\hat{Y}}$ 四个自由度;再用一对自动定心的窄口卡爪夹持在 $\phi65$mm 外圆柱面上,用以消除 $\vec{Z}\,\vec{\hat{Z}}$ 两个自由度,达到完全定位。

(2)精基准的选择。精基准的选择主要应该考虑基准重合的问题。当设计基准与工序基准不重合时,应该进行尺寸换算。

1.2.2.3　制订工艺路线

由于生产类型为大批生产,故采用万能机床配以专用工夹具,并尽量使工序集中来提高生产率。除此以外,还应降低生产成本。

(1)工艺路线方案一:

工序 1:车外圆 $\phi62$ mm,$\phi60$ mm,车螺纹 M60 × 1 mm。

工序 2:两次钻孔并扩钻花键底孔 $\phi43$ mm,锪沉头孔 $\phi55$ mm。

工序 3:倒角 5 × 30°。

工序 4:钻 Rc1/8 底孔。

工序 5:拉花键孔。

工序 6:粗铣 $\phi39$ mm 二孔端面。

工序 7:精铣 $\phi39$ mm 二孔端面。

工序 8:钻、扩、粗铣、精铣两个 $\phi39$ mm 孔至图样尺寸并锪倒角 2 × 45°。

工序 9:钻 M8 mm 底孔 $\phi6.7$ mm,倒角 120°。

工序 10:攻螺纹 M8 mm,Rc1/8。

工序 11:冲箭头。

工序 12:终检。

(2)工艺路线方案二:

工序 1:粗铣 $\phi39$ mm 二孔端面。

工序 2:精铣 $\phi39$ mm 二孔端面。

工序 3:钻 $\phi39$ mm 二孔(不到尺寸)。

工序 4:镗 $\phi39$ mm 二孔(不到尺寸)。

工序 5:精镗 $\phi39$ mm 二孔,倒角 2 × 45°。

工序 6:车外圆 $\phi62$ mm,$\phi60$ mm,车螺纹 M60 × 1 mm。

工序 7:钻、镗孔 $\phi43$ mm,并锪沉头孔 $\phi55$ mm。

工序 8:倒角 5 × 30°。

工序 9:钻 Rc1/8 底孔。

工序 10:拉花键孔。

工序 11:钻 M8 mm 底孔 $\phi6.7$ mm,倒角 120°。

工序 12:攻螺纹 M8 mm,Rc1/8。

工序 13:冲箭头。

工序 14:终检。

(3)工艺方案的比较与分析。上述两个工艺方案的特点在于:方案一是先加工以花键孔为中心的一组表面,然后以此为基面加工 $\phi39$ mm 二孔;而方案二则与其相反,先加工 $\phi39$ mm 孔,然后再以此二孔为基准加工花键孔及其外表面。经比较可见,先加工花键孔后再以花键孔定位加工 φ39 mm 二孔,这时的位置精度较易保证,并且定位及装夹都较方便。但方案一中的工序 8 虽然代替了方案二中的工序 3、4、5,减少了装夹次数,但工序内容太多,不设计组合机床也只能选用转塔车床,而转塔车床大多用于粗加工,用来加工 φ39 mm 二孔不合适。故决定将方案二中的工序 3、4、5 移入方案一,改为两道工序。具体工艺过程如下:

工序 1:车外圆 φ62 mm,φ60 mm,车螺纹 M60 × 1 mm(粗基准的选择如前所述)。

工序 2:两次钻孔并扩钻花键底孔 φ43 mm,锪沉头孔 φ55 mm,以 φ62 mm 外圆定位。

工序 3:倒角 5 × 30°。

工序 4:钻 Rc1/8 锥螺纹底孔。

工序 5:拉花键孔。

工序 6:粗铣 φ39 mm 二孔端面,以花键孔及其端面为基准。

工序 7:精铣 φ39 mm 二孔端面。

工序 8:钻孔两次并扩孔 φ39 mm。

工序 9:精镗并细镗 φ39 mm 二孔,倒角 2 × 45°(工序 7、8、9 的定位均与工序 6 相同)。

工序 10:钻 M8 mm 螺纹底孔,倒角 120°。

工序 11:攻螺纹 M8 mm,Rc1/8。

工序 12:冲箭头。

工序 13:终检。

以上加工方案大致看来还是合理的。但通过仔细考虑零件的技术要求以及可能采取的加工手段之后,发现仍有问题,主要表现在 φ39 mm 两个孔及其端面加工要求上。图样规定:φ39 mm 二孔中心线应与 φ55 mm 花键孔垂直,垂直度公差为 100∶0.2;φ39 mm 二孔与其外端面应垂直,垂直度公差为 0.1 mm。由此可见,因为 φ39 mm 二孔的中心线要求与 φ55 mm 花键孔中心线相垂直,因此,加工及测量 φ39 mm 孔时应以花键孔为基准。这样做能保证设计基准与工艺基准相重合。在上述工艺路线中也是这样拟订的。同理,φ39 mm 二孔与其外端面的垂直度(0.1 mm)的技术要求在加工与测量时也应遵循上述原则。但在已制订的工艺路线中却没有这样做:加工 φ39 mm 孔时,以 φ55 mm 花键孔定位(这是正确的);而加工 φ39 mm 孔的外端面时,也是以 φ55 mm 花键孔定位。这样做,从装夹上看似乎比较方便,但却违反了基准重合原则,产生了基准不重合误差。具体来说,当 φ39 mm 二孔的外端面以花键孔为基准加工时,如果两个端面与花键孔中心线已保证绝对平行的话(这是不可能的),那么由于 φ39 mm 二孔中心线与花键孔仍有 100∶0.2 的垂直度公差,则 φ39 mm 孔与其外端面的垂直度误差会很大,甚至会超差而报废。这就是基准不重合而造成的结果。为了解决这个问题,原有的加工路线可仍大致保持不变,只是在 φ39 mm 二孔加工完了以后,再增加一道工序:以 φ39 mm 孔为基准,磨 φ39 mm 二孔外端面。这样做,可以修正由于基准不重合造成的加工误差,同时也照顾了原有的加工路线中装夹较方便的特点。因此,最后的加工路线确定如下:

工序 1:车端面及外圆 φ62 mm,φ60 mm,并车螺纹 M60 × 1 mm。以两个叉耳外轮廓及 φ65 mm 外圆为粗基准,选用 C620-1 卧式车床和专用夹具。

工序 2:钻、扩花键底孔 φ43 mm,并锪沉头孔 φ55 mm。以 φ62 mm 外圆为基准,选用 C365L 转塔车床。

工序 3:内花键孔 5 × 30° 倒角。选用 C620-1 车床和专用夹具。

工序 4:钻锥螺纹 Rc1/8 底孔。选用 Z525 立式钻床及专用钻模。这里安排钻 Rc1/8 底孔主要是为了下道工序拉花键孔时,为消除回转自由度而设置的一个定位基准。本工序以花键内底孔定位,并利用叉部外轮廓消除回转自由度。

　　工序 5:拉花键孔。利用花键内底孔、$\phi55$ mm 端面及 Rc1/8 锥螺纹底孔定位,选用 L6120 卧式拉床加工。

　　工序 6:粗铣 $\phi39$ mm 二孔端面,以花键孔定位,选用 X63 卧式铣床加工。

　　工序 7:钻、扩 $\phi39$ mm 二孔及倒角。以花键孔及端面定位,选用 Z535 立式钻床加工。

　　工序 8:精、细镗 $\phi39$ mm 二孔。选用 T740 型卧式金刚镗床及专用夹具加工,以花键内孔及其端面定位。

　　工序 9:磨 $\phi39$ mm 二孔端面,保证尺寸 $118_{-0.07}^{0}$ mm,以 $\phi39$ mm 孔及花键孔定位,选用 M7130 平面磨床及专用夹具。

　　工序 10:钻叉部四个 M8 mm 螺纹底孔并倒角。选用 Z525 立式钻床及专用夹具,以花键孔及 $\phi39$ mm 孔定位。

　　工序 11:攻螺纹 4 - M8 mm 及 Rc1/8。

　　工序 12:冲箭头。

　　工序 13:终检。

　　以上工艺过程详见机械加工工艺过程卡片和机械加工工序卡片。

1.2.2.4　机械加工余量、工序尺寸及毛坯尺寸的确定

　　"万向节滑动叉"零件材料为 45 钢,硬度 HBS207 ~ 241,毛坯重量约为 6 kg,生产类型为大批生产,采用在锻锤上合模模锻毛坯。

　　根据上述原始资料及加工工艺,分别确定各加工表面的机械加工余量、工序尺寸及毛坯尺寸如下:

　　(1) 外圆表面($\phi62$ mm 及 M60 × 1 mm)。考虑其加工长度为 90 mm,与其联结的非加工外圆表面直径为 $\phi65$ mm,为简化模锻毛坯的外形,现直接取其外圆表面直径为 $\phi65$ mm。$\phi62$ mm 表面为自由尺寸公差,表面粗糙度值要求为 $Rz200\mu$m,只要求粗加工,此时直径余量 $2Z = 3$ mm 已能满足加工要求。

　　(2) 外圆表面沿轴线长度方向的加工余量及公差(M60 × 1 mm 端面)。查《机械制造工艺设计简明手册》(以下简称《工艺手册》)表 2.2-14,其中锻件重量为 6kg,锻件复杂形状系数为 S_1,锻件材质系数取 M_1,锻件轮廓尺寸(长度方向)>180 ~ 315 mm,故长度方向偏差为 $_{-0.7}^{+1.5}$ mm。

　　长度方向的余量查《工艺手册》表 2.2 ~ 2.5,其余量值规定为 2.0 ~ 2.5 mm,现取 2.0 mm。

　　(3) 两内孔 $\phi39_{-0.010}^{+0.027}$ mm(叉部)。毛坯为实心,不冲孔。两内孔精度要求介于 IT7 ~ IT8 之间,参照《工艺手册》表 2.3-9 及表 2.3-12 确定工序尺寸及余量为:

　　　　　　钻孔:$\phi25$ mm

　　　　　　钻孔:$\phi37$ mm　　　　　　　　　　$2Z = 12$ mm

　　　　　　扩孔:$\phi38.7$ mm　　　　　　　　　　$2Z = 1.7$ mm

　　　　　　精镗:$\phi38.9$ mm　　　　　　　　　　$2Z = 0.2$ mm

　　　　　　细镗:$\phi39_{-0.010}^{+0.027}$ mm　　　　　　　$2Z = 0.1$ mm

　　(4) 花键孔($16 - \phi50_{0}^{+0.039}$ mm × $\phi43_{0}^{+0.16}$ mm × $5_{0}^{+0.048}$ mm)。要求花键孔为外径定心,故采用拉削加工。

　　内孔尺寸为 $\phi43_{0}^{+0.16}$ mm,见图样。参照《工艺手册》表 2.3-9 确定孔的加工余量分配:

　　钻孔:$\phi25$ mm

　　钻孔:$\phi41$ mm

　　扩钻:$\phi42$ mm

拉花键孔（$16 - \phi 50^{+0.39}_{0}$ mm $\times \phi 43^{+0.16}_{0}$ mm $\times 5^{+0.048}_{0}$ mm）

花键孔要求外径定心，拉削时的加工余量参照《工艺手册》表 2.3-19 取 $2Z = 1$ mm。

（5）$\phi 39^{+0.027}_{-0.010}$ mm 二孔外端面的加工余量（计算长度为 $118^{0}_{-0.07}$ mm）：

① 按照《工艺手册》表 2.2-25，取加工精度 F_2，锻件复杂系数 S_3，锻件重 6kg，则二孔外端面的单边加工余量为 2.0 ~ 3.0 mm，取 $Z = 2$ mm。锻件的公差按《工艺手册》表 2.2-14，材质系数取 M_1，复杂系数 S_3，则锻件的偏差为 $^{+1.3}_{-0.7}$ mm。

② 磨削余量：单边 0.2 mm（见《工艺手册》表 2.3-21），磨削公差即零件公差 0.07 mm。

③ 铣削余量：铣削的公称余量（单边）为：

$$Z = 2.0 - 0.2 = 1.8(\text{mm})$$

铣削公差：现规定本工序（粗铣）的加工精度为 IT11 级，因此可知本工序的加工尺寸偏差 -0.22 mm（入体方向）。

由于毛坯及以后各道工序（或工步）的加工都有加工公差，因此所规定的加工余量其实只是名义上的加工余量。实际上，加工余量有最大及最小之分。

由于本设计规定的零件为大批生产，应该采用调整法加工，因此在计算最大、最小加工余量时，应按调整法加工方式予以确定。

$\phi 39$ mm 二孔外端面尺寸加工余量和工序间余量及公差分布图见图 1-3。

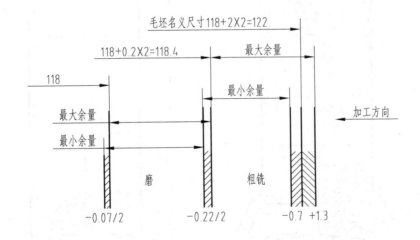

图 1-3 $\phi 39$ mm 二孔外端面工序间尺寸公差分布图（调整法）

由图 1 - 3 可知：

毛坯名义尺寸：$118 + 2 \times 2 = 122(\text{mm})$

毛坯最大尺寸：$122 + 1.3 \times 2 = 124.6(\text{mm})$

毛坯最小尺寸：$122 - 0.7 \times 2 = 120.6(\text{mm})$

粗铣后最大尺寸：$118 + 0.2 \times 2 = 118.4(\text{mm})$

粗铣后最小尺寸：$118.4 - 0.22 = 118.18(\text{mm})$

磨后尺寸与零件图尺寸相同，即 $118^{0}_{-0.07}$ mm

最后，将上述计算的工序间尺寸及公差整理成表 1-1。

万向节滑动叉的锻件毛坯图见附图 2。

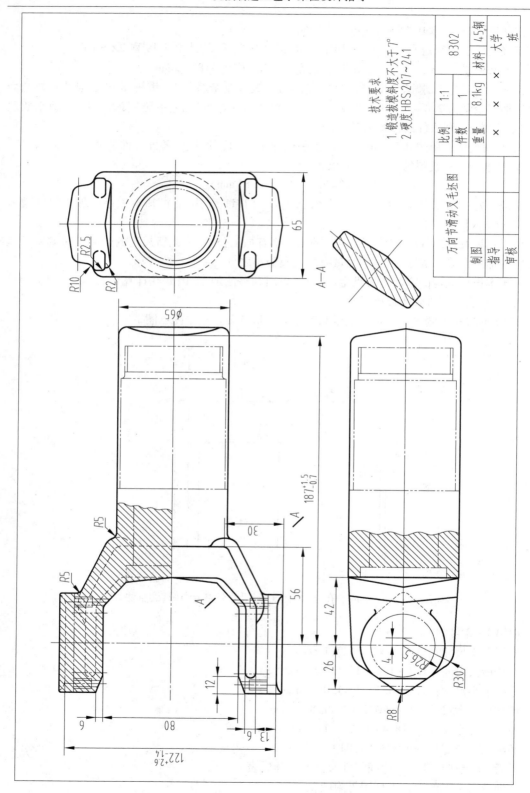

附图 2　万向节滑动叉毛坯图

表 1-1　加工余量计算表 mm

加工尺寸及公差	工序	锻件毛坯（$\phi 39$ 二端面，零件尺寸 $118_{-0.07}^{0}$）	粗铣二端面		磨二端面
加工前尺寸	最　大		124.6		118.4
	最　小		120.6		118.18
加工后尺寸	最　大	124.6	118.4		118
	最　小	120.6	118.18		117.93
加工余量（单边）		2	最大	3.1	0.2
			最小	1.21	0.125
加工公差（单边）		$+1.3$ -0.7	$-0.22/2$		$-0.07/2$

1.2.2.5　确定切削用量及基本工时

工序 1：车削端面、外圆及螺纹。本工序采用计算法确定切削用量。

（1）加工条件：

工件材料：45 钢正火，$\sigma_b = 0.60\ \text{GPa}$，模锻。

加工要求：粗车 $\phi 60\ \text{mm}$ 端面及 $\phi 60\ \text{mm}$、$\phi 62\ \text{mm}$ 外圆，表面粗糙度值 Rz 为 200 μm；车螺纹 M60 × 1 mm。

机床：C620-1 卧式车床。

刀具：刀片材料为 YT15，刀杆尺寸为 16 mm × 25 mm，$k_r = 90°$，$\gamma_0 = 15°$，$\alpha_0 = 12°$，$r_R = 0.5\ \text{mm}$。

60°螺纹车刀：刀片材料为 W18Cr4V。

（2）计算切削用量

1）粗车 M60 × 1 mm 端面：

① 确定端面最大加工余量：已知毛坯长度方向的加工余量为 $2_{-0.7}^{+1.5}$ mm，考虑 7°的模锻拔模斜度，则毛坯长度方向的最大加工余量 $Z_{\max} = 7.5$ mm。但实际上，由于以后还要钻花键底孔，因此端面不必全部加工，而可以留出一个 $\phi 40$ mm 心部，待以后加工钻孔时去掉，故此时实际端面最大加工余量可按 $Z_{\max} = 5.5$ mm 考虑，分两次加工，$a_p = 3$ mm 计。长度加工公差按 IT12 级，取 -0.46 mm（入体方向）。

② 确定进给量 f：根据《切削用量简明手册》（第 3 版）（以下简称《切削手册》）表 1.4，当刀杆尺寸为 16 mm × 25 mm，$a_p \leqslant 3$ mm 以及工件直径为 60 mm 时：

$$f = 0.5 \sim 0.7\ \text{mm/r}$$

按 C620-1 车床说明书（见《切削手册》表 1.30）取：

$$f = 0.5\ \text{mm/r}$$

③ 计算切削速度：按《切削手册》表 1.27，切削速度的计算公式为（寿命选 $T = 60\ \text{min}$）：

$$v_c = \frac{c_v}{T^m a_p^{x_v} f^{y_v}} k_v \quad (\text{m/min})$$

式中，$c_v = 242$，$x_v = 0.15$，$y_v = 0.35$，$m = 0.2$。修正系数 k_v 见《切削手册》表 1.28，即：

$$k_{mv} = 1.44,\ k_{sv} = 0.8,\ k_{kv} = 1.04,\ k_{krv} = 0.81,\ k_{bv} = 0.97。$$

所以

$$v_c = \frac{242}{60^{0.2} \times 3^{0.15} \times 0.5^{0.35}} \times 1.44 \times 0.8 \times 1.04 \times 0.81 \times 0.97$$

$$= 108.6(\text{m/min})$$

④ 确定机床主轴转速：

$$n_\text{s} = \frac{1000 v_\text{c}}{\pi d_\text{w}} = \frac{1000 \times 108.6}{\pi \times 65} \approx 532(\text{r/min})$$

按机床说明书（见《工艺手册》表 4.2-8），与 532 r/min 相近的机床转速为 480 r/min 及 600 r/min。现选取 $n_\text{w} = 600$ r/min。如果选 480 r/min，则速度损失较大。所以实际切削速度 $v = 122$ m/min。

⑤ 计算切削工时：按《工艺手册》表 6.2-1，取：

$$l = \frac{65 - 40}{2} = 12.5 \text{ mm}, l_1 = 2 \text{ mm}, l_2 = 0, l_\text{s} = 0$$

$$t_\text{m} = \frac{l + l_1 + l_2 + l_\text{s}}{n_\text{w} f} i = \frac{12.5 + 2}{600 \times 0.5} \times 2 = 0.096(\text{min})$$

2）粗车 $\phi62$ mm 外圆，同时应校验机床功率及进给机构强度：

切削深度：单边余量 $z = 1.5$ mm，可一次切除。

进给量：根据《切削手册》表 1.4，选用 $f = 0.5$ mm/r。

① 计算切削速度：见《切削手册》表 1.27，即：

$$v_\text{c} = \frac{c_\text{v}}{T^m a_\text{p}{}^{x_\text{v}} f^{y_\text{v}}} k_\text{v}$$

$$= \frac{242}{60^{0.2} \times 1.5^{0.15} \times 0.5^{0.35}} \times 1.44 \times 0.8 \times 0.81 \times 0.97$$

$$= 116(\text{m/min})$$

② 确定主轴转速：

$$n_\text{s} = \frac{1000 v_\text{c}}{\pi d_\text{w}} = \frac{1000 \times 116}{\pi \times 65} = 568(\text{r/min})$$

按机床选取 $n = 600$ r/min。所以实际切削速度：

$$v = \frac{\pi d n}{1000} = \frac{\pi \times 65 \times 600}{1000} = 122(\text{m/min})$$

③ 检验机床功率：主切削力 F_c 按《切削手册》表 1.29 所示公式计算：

$$F_\text{c} = c F_\text{c} a_\text{p}{}^{x F_\text{c}} f^{y F_\text{c}} v_\text{c}{}^{n F_\text{c}} k F_\text{c}$$

式中，$c F_\text{c} = 2795, x F_\text{c} = 1.0, y F_\text{c} = 0.75, n F_\text{c} = -0.15$

$$k_\text{mp} = \left(\frac{\sigma_\text{b}}{650} \right)^{n_\text{F}} = \left(\frac{600}{650} \right)^{0.75} = 0.94$$

$$k_\text{kr} = 0.89$$

所以　$F_\text{c} = 2795 \times 1.5 \times 0.5^{0.75} \times 122^{-0.15} \times 0.94 \times 0.89 = 1012.5(\text{N})$

切削时消耗功率 P_c 为：

$$P_\text{c} = \frac{F_\text{c} v_\text{c}}{6 \times 10^4} = \frac{1012.5 \times 122}{6 \times 10^4} = 2.06(\text{kW})$$

由《切削手册》表 1.30 中 C620-1 机床说明书可知，C620-1 主电动机功率为 7.8 kW，当主轴转速为 600 r/min 时，主轴传递的最大功率为 5.5 kW，所以机床功率足够，可以正常加工。

④ 校验机床进给系统强度：已知主切削力 $F_\text{c} = 1012.5$ N，径向切削力 F_p 按《切削手册》表 1.29 所示公式计算：

$$F_{\mathrm{p}} = cF_{\mathrm{p}} a_{\mathrm{p}}^{xF_{\mathrm{p}}} f^{yF_{\mathrm{p}}} v_{\mathrm{c}}^{nF_{\mathrm{p}}} kF_{\mathrm{p}}$$

式中，$cF_{\mathrm{p}} = 1940, xF_{\mathrm{p}} = 0.9, yF_{\mathrm{p}} = 0.6, nF_{\mathrm{p}} = -0.3$

$$k_{\mathrm{mp}} = \left(\frac{\sigma_{\mathrm{b}}}{650}\right)^{n_r} = \left(\frac{600}{650}\right)^{1.35} = 0.897$$

$$k_{\mathrm{kr}} = 0.5$$

所以　　　　　$F_{\mathrm{p}} = 1940 \times 1.5^{0.9} \times 0.5^{0.6} \times 122^{-0.3} \times 0.897 \times 0.5 = 195(\mathrm{N})$

而轴向切削力：

$$F_{\mathrm{f}} = cF_{\mathrm{f}} a_{\mathrm{p}}^{xF_{\mathrm{f}}} f^{yF_{\mathrm{f}}} v_{\mathrm{c}}^{nF_{\mathrm{f}}} kF_{\mathrm{f}}$$

式中，$cF_{\mathrm{f}} = 2880, xF_{\mathrm{f}} = 1.0, yF_{\mathrm{f}} = 0.5, nF_{\mathrm{f}} = -0.4$

$$k_{\mathrm{mp}} = \left(\frac{\sigma_b}{650}\right)^{n_r} = \left(\frac{600}{650}\right)^{1.0} = 0.923$$

$$k_{\mathrm{kr}} = 1.17$$

轴向切削力：

$$F_{\mathrm{f}} = 2880 \times 1.5 \times 0.5^{0.5} \times 122^{-0.4} \times 0.923 \times 1.17$$
$$= 480(\mathrm{N})$$

取机床导轨与床鞍之间的摩擦系数 $\mu = 0.1$，则切削力在纵向进给方向对进给机构的作用力为：

$$F = F_{\mathrm{f}} + \mu(F_{\mathrm{c}} + F_{\mathrm{p}})$$
$$= 480 + 0.1(1012.5 + 195) = 600(\mathrm{N})$$

而机床纵向进给机构可承受的最大纵向力为 3530 N（见《切削手册》表 1.30），故机床进给系统可正常工作。

计算切削工时：

$$t = \frac{l + l_1 + l_2}{nf}$$

式中，$l = 90, l_1 = 4, l_2 = 0$，所以：

$$t = \frac{90 + 4}{600 \times 0.5} = 0.31(\mathrm{min})$$

3）车 $\phi 60$ mm 外圆柱面：$a_{\mathrm{p}} = 1$ mm, $f = 0.5$ mm/r（《切削手册》表 1.6, $Ra = 6.3 \mu$m，刀具圆弧半径 $r = 1.0$ mm），切削速度 v_{c} 为：

$$v_{\mathrm{c}} = \frac{c_{\mathrm{v}}}{T^m a_{\mathrm{p}}^{x_v} f^{y_v}} k_{\mathrm{v}}$$

式中，$c_{\mathrm{v}} = 242, m = 0.2, T = 60, x_{\mathrm{v}} = 0.15, y_{\mathrm{v}} = 0.35, k_{\mathrm{m}} = 1.44, k_{\mathrm{k}} = 0.81$。

则　　　　　$v_{\mathrm{c}} = \dfrac{242}{60^{0.2} \times 1^{0.15} \times 0.5^{0.35}} \times 1.44 \times 0.81 = 159(\mathrm{m/min})$

$$n = \frac{1000v}{\pi d} = \frac{1000 \times 159}{\pi \times 60} = 843(\mathrm{r/min})$$

按机床说明书取 $n = 770$ r/min，则此时：

$$v = 145\mathrm{m/min}$$

切削工时：　　　　　$t = \dfrac{l + l_1 + l_2}{nf}$

式中，$l = 20, l_1 = 4, l_2 = 0$，所以：

$$t = \frac{20 + 4}{770 \times 0.5} = 0.062\,(\text{min})$$

4）车螺纹 M60 × 1 mm：

① 计算切削速度：计算切削速度由参考文献[7]查得，刀具寿命 $T = 60$ min，采用高速钢螺纹车刀，规定粗车螺纹时 $a_p = 0.17$ mm，走刀次数 $i = 4$；精车螺纹时 $a_p = 0.08$ mm，走刀次数 $i = 2$，则：

$$v_c = \frac{c_v}{T^m\, a_p^{x_v}\, t_1^{y_v}} k_v\,(\text{m/min})$$

式中，$c_v = 11.8, m = 0.11, x_v = 0.70, y_v = 0.3$，螺距 $t_1 = 1$

$$k_m = \left(\frac{0.637}{0.6}\right)^{1.75} = 1.11 \quad k_k = 0.75$$

所以粗车螺纹时：

$$v_c = \frac{11.8}{60^{0.11} \times 0.17^{0.7} \times 1^{0.3}} \times 1.11 \times 0.75 = 21.57\,(\text{m/min})$$

精车螺纹时：

$$v_c = \frac{11.8}{60^{0.11} \times 0.08^{0.7} \times 1^{0.3}} \times 1.11 \times 0.75 = 36.8\,(\text{m/min})$$

② 确定主轴转速：粗车螺纹时：

$$n_1 = \frac{1000 v_c}{\pi D} = \frac{1000 \times 21.57}{\pi \times 60} = 114.4\,(\text{r/min})$$

按机床说明书取　　　　　　　　　$n = 96$ r/min

实际切削速度　　　　　　　　　　$v_c = 18$ m/min

精车螺纹时：

$$n_2 = \frac{1000 v_c}{\pi D} = \frac{1000 \times 36.8}{\pi \times 60} = 195\,(\text{r/min})$$

按机床说明书取　　　　　　　　　$n = 184$ r/min

实际切削速度　　　　　　　　　　$v = 34$ m/min

③ **计算切削工时**：取切入长度 $l_1 = 3$ mm，粗车螺纹工时：

$$t_1 = \frac{l + l_1}{nf} i = \frac{15 + 3}{96 \times 1} \times 4 = 0.75\,(\text{min})$$

精车螺纹工时：

$$t_2 = \frac{l + l_1}{nf} i = \frac{15 + 3}{195 \times 1} \times 2 = 0.18\,(\text{min})$$

所以车螺纹的总工时为：

$$t = t_1 + t_2 = 0.93\,(\text{min})$$

工序 2：钻、扩花键底孔 $\phi 43$ mm 及锪沉头孔 $\phi 55$ mm，选用机床：转塔车床 C365L。

（1）钻孔 $\phi 25$ mm。

$f = 0.41$ mm/r（见《切削手册》表 2.7）

$v = 12.25$ m/min（见《切削手册》表 2.13 及表 2.14，按 5 类加工性考虑）

$$n_s = \frac{1000 v}{\pi d_w} = \frac{1000 \times 12.25}{\pi \times 25} = 155\,(\text{r/min})$$

按机床选取 $n_w = 136$ r/min（见《工艺手册》表 4.2-2）

所以实际切削速度 $v = \dfrac{\pi d_w n_w}{1000} = \dfrac{\pi \times 25 \times 136}{1000} = 10.68\,(\mathrm{m/min})$

切削工时： $t = \dfrac{l + l_1 + l_2}{n_w f} = \dfrac{150 + 10 + 4}{136 \times 0.41} = 3\,(\mathrm{min})$

式中， $l_1 = 10\,\mathrm{mm}, l_2 = 4\,\mathrm{mm}, l = 150\,\mathrm{mm}$。

（2）钻孔 $\phi 41\,\mathrm{mm}$。根据有关资料介绍，利用钻头进行扩钻时，其进给量与切削速度与钻同样尺寸的实心孔时的进给量与切削速度之关系为：

$$f = (1.2 \sim 1.3) f_{钻}$$

$$v = \left(\dfrac{1}{2} \sim \dfrac{1}{3} \right) v_{钻}$$

式中 $f_{钻}, v_{钻}$——加工实心孔时的进给量与切削速度。

现已知

$$f_{钻} = 0.56\,\mathrm{mm/r}（见《切削手册》表 2.7）$$

$$v_{钻} = 19.25\,\mathrm{m/min}（见《切削手册》表 2.13）$$

并令

$$f = 1.35 f_{钻} = 0.76\,\mathrm{mm/r} \quad 按机床取 f = 0.76\,\mathrm{mm/r}$$

$$v = 0.4 v_{钻} = 7.7\,\mathrm{m/min}$$

$$n_s = \dfrac{1000 v}{\pi D} = \dfrac{1000 \times 7.7}{\pi \times 41} = 5.9\,(\mathrm{r/min})$$

按机床选取 $n_w = 58\,\mathrm{r/min}$

所以实际切削速度为：

$$v = \dfrac{\pi \times 41 \times 58}{1000} = 7.47\,(\mathrm{m/min})$$

切削工时： $l_1 = 7\,\mathrm{mm}, l_2 = 2\,\mathrm{mm}, l = 150\,\mathrm{mm}$，则：

$$t = \dfrac{150 + 7 + 2}{0.76 \times 59} = 3.55\,(\mathrm{min})$$

（3）扩花键底孔 $\phi 43\,\mathrm{mm}$。根据《切削手册》表 2.10 规定，查得扩孔钻扩 $\phi 43\,\mathrm{mm}$ 孔时的进给量；并根据机床规格选：

$$f = 1.24\,\mathrm{mm/r}$$

扩孔、钻扩孔时的切削速度，根据其他有关资料，确定为：

$$v = 0.4 v_{钻}$$

其中，$v_{钻}$ 为用钻头钻同样尺寸实心孔时的切削速度。故：

$$v = 0.4 \times 19.25 = 7.7\,(\mathrm{m/min})$$

$$n_s = \dfrac{1000 \times 7.7}{\pi \times 43} = 57\,(\mathrm{r/min})$$

按机床选取 $n_w = 58\,\mathrm{r/min}$

切削工时： $l_1 = 3\,\mathrm{mm}, l_2 = 1.5\,\mathrm{mm}$，则：

$$t = \dfrac{150 + 3 + 1.5}{58 \times 1.24} = 2.14\,(\mathrm{min})$$

（4）锪圆柱式沉头孔 $\phi 55\,\mathrm{mm}$。根据有关资料介绍，锪沉头孔时进给量及切削速度约为钻孔时的 $\dfrac{1}{2} \sim \dfrac{1}{3}$，故：

$$f = \frac{1}{3}f_{钻} = \frac{1}{3} \times 0.6 = 0.2(\text{mm/r}),按机床取 f = 0.21\ \text{mm/r}$$

$$v = \frac{1}{3}v_{钻} = \frac{1}{3} \times 25 = 8.33(\text{m/min})$$

$$n_{s} = \frac{1000v}{\pi D} = \frac{1000 \times 8.33}{\pi \times 55} = 48(\text{r/min})$$

按机床选取 $n_{w} = 44\ \text{r/min}$，所以实际切削速度：

$$v = \frac{\pi D n_{w}}{1000} = \frac{\pi \times 55 \times 48}{1000} = 8.29(\text{m/min})$$

切削工时：$l_{1} = 2\ \text{mm}, l_{2} = 0, l = 8\ \text{mm}$，则：

$$t = \frac{l + l_{1} + l_{2}}{nf} = \frac{8 + 2}{44 \times 0.21} = 1.08(\text{min})$$

在本工步中，加工 $\phi55\ \text{mm}$ 沉头孔的测量长度，由于工艺基准与设计基准不重合，故需要进行尺寸换算。按图样要求，加工完毕后应保证尺寸 45 mm。

尺寸链如图 1-4 所示，尺寸 45 mm 为终结环（封闭环），给定尺寸 185 mm 及 45 mm，由于基准不重合，加工时应保证尺寸 A：

$$A = 185 - 45 = 140(\text{mm})$$

因封闭环公差等于各组成环公差之和，即：

$$T_{(45)} = T_{(185)} + T_{(140)}$$

现由于本尺寸链较简单，故分配公差采用等公差法。尺寸 45 mm 按自由尺寸取公差等级 IT16，其公差 $T_{(45)} = 1.6\ \text{mm}$，并令 $T_{(185)} = T_{(140)} = 0.8\ \text{mm}$。

图 1-4　$\phi55\ \text{mm}$ 孔深的尺寸换算

工序 3：$\phi43\ \text{mm}$ 内孔 $5 \times 30°$ 倒角，选用卧式车床 C620-1。由于最后的切削宽度很大，故按成形车削制订进给量。据手册及机床取：

$$f = 0.08\ \text{mm/r}(见《切削手册》表 1.8)$$

当采用高速钢车刀时，根据一般资料，确定切削速度 $v = 16\ \text{m/min}$。

则

$$n_{s} = \frac{1000v}{\pi D} = \frac{1000 \times 16}{\pi \times 43} = 118(\text{r/min})$$

按机床说明书取 $n_{w} = 120\ \text{r/min}$，则此时切削速度为：

$$v = \frac{\pi D n_{w}}{1000} = 16.2(\text{m/min})$$

切削工时：　$l = 5\ \text{mm}, l_{1} = 3\ \text{mm}$，则：

$$t = \frac{l + l_{1}}{n_{w}f} = \frac{5 + 3}{120 \times 0.08} = 0.83(\text{min})$$

工序 4：钻锥螺纹 Rc1/8 底孔（$\phi8.8\ \text{mm}$）。

$f = 0.11\ \text{mm/r}$（见《切削手册》表 2.7），$v = 25\ \text{m/min}$（见《切削手册》表 2.13）

所以

$$n = \frac{1000v}{\pi D} = \frac{1000 \times 25}{\pi \times 8.8} = 904(\text{r/min})$$

按机床选取 $n_{w} = 680\ \text{r/min}$（见《切削手册》表 2.35）

实际切削速度：

$$v = \frac{\pi D n}{1000} = \frac{\pi \times 8.8 \times 680}{1000} = 18.8(\text{m/min})$$

切削工时： $l = 11$ mm, $l_1 = 4$ mm, $l_2 = 3$ mm,则：

$$t = \frac{l + l_1 + l_2}{n_w f} = \frac{11 + 4 + 3}{680 \times 0.11} = 0.24 (\text{min})$$

工序 5：拉花键孔。

单面齿升：根据有关手册,确定拉花键孔时花键拉刀的单面齿升为 0.06 mm,拉削速度 $v = 0.06$ m/s(3.6 m/min)。

切削工时：

$$t = \frac{Z_b l \eta k}{1000 v f_z z}$$

式中 Z_b——单面余量 3.5 mm(由 $\phi43$ mm 拉削至 $\phi50$ mm);

 l——拉削表面长度,140 mm;

 η——考虑校准部分的长度系数,取 1.2;

 k——考虑机床返回行程系数,取 1.4;

 v——拉削速度,m/min;

 f_z——拉刀单面齿升;

 z——拉刀同时工作齿数, $z = \dfrac{1}{p}$;

 p——拉刀齿距：

$$p = (1.25 \sim 1.5)\sqrt{l} = 1.35\sqrt{140} = 16 \text{ mm}$$

所以,拉刀同时工作齿数 $z = \dfrac{l}{p} = \dfrac{140}{16} \approx 9$

则

$$t = \frac{3.5 \times 140 \times 1.2 \times 1.4}{1000 \times 3.6 \times 0.06 \times 9} = 0.42 (\text{min})$$

工序 6：粗铣 $\phi39$ mm 二孔端面,保证尺寸 $118.4_{-0.22}^{\ 0}$ mm

$f_z = 0.08$ mm/齿 （参考《切削手册》表 3.3）

切削速度：参考有关手册,确定 $v = 0.45$ m/s,即 27 m/min。

采用高速钢镶齿三面刃铣刀, $d_w = 225$ mm,齿数 $z = 20$。

则

$$n_s = \frac{1000v}{\pi d_w} = \frac{1000 \times 27}{\pi \times 225} = 38 (\text{r/min})$$

现采用 X63 卧式铣床,根据机床使用说明书(见《工艺手册》表 4.2-39),取 $n_w = 37.5$ r/min,故实际切削速度为：

$$v = \frac{\pi d_w n_w}{1000} = \frac{\pi \times 225 \times 37.5}{1000} = 26.5 (\text{m/min})$$

当 $n_w = 37.5$ r/min 时,工作台的每分钟进给量 f_m 应为：

$$f_m = f_z z n_w = 0.08 \times 20 \times 37.5 = 60 \ (\text{mm/min})$$

查机床说明书,刚好有 $f_m = 60$ m/min,故直接选用该值。

切削工时：由于是粗铣,故整个铣刀刀盘不必铣过整个工件,利用作图法,可得出的行程 $l + l_1 + l_2 = 105$ mm,则切削工时为：

$$t_m = \frac{l + l_1 + l_2}{f_m} = \frac{105}{60} = 1.75 (\text{min})$$

工序 7：钻、扩 $\phi39$ mm 二孔及倒角。

（1）钻孔 $\phi25$ mm。确定进给量 f：根据《切削手册》表 2.7,当钢的 $\sigma_b < 800$ MPa, $d_0 = \phi25$ mm 时, f

=0. 39 ~ 0. 47 mm/r。由于本零件在加工 $\phi25$ mm 孔时属于低刚度零件,故进给量应乘系数0. 75,则:

$$f = (0. 39 \sim 0. 47) \times 0. 75 = 0. 29 \sim 0. 35(\text{mm/r})$$

根据 Z535 机床说明书,现取 $f = 0. 25$ mm/r。

切削速度:根据《切削手册》表2. 13 及表2. 14,查得切削速度 $v = 18$ m/min。

所以

$$n_s = \frac{1000V}{\pi d_w} = \frac{1000 \times 18}{\pi \times 25} = 229(\text{r/min})$$

根据机床说明书,取 $n_w = 195$ r/min,故实际切削速度为

$$v = \frac{\pi d_w n_w}{1000} = \frac{\pi \times 25 \times 195}{1000} = 15. 3(\text{m/min})$$

切削工时: $l = 19$ mm, $l_1 = 9$ mm, $l_2 = 3$ mm,则:

$$t_{m_1} = \frac{l + l_1 + l_2}{n_w f} = \frac{19 + 9 + 3}{195 \times 0. 25} = 0. 635(\text{min})$$

以上为钻一个孔时的切削时间。故本工序的切削工时为:

$$t_m = t_{m_1} \times 2 = 0. 635 \times 2 = 1. 27(\text{min})$$

(2)扩钻 $\phi37$ mm 孔。利用 $\phi37$ mm 的钻头对 $\phi25$ mm 的孔进行扩钻。根据有关手册的规定,扩钻的切削用量可根据钻孔的切削用量选取。

$$f = (1. 2 \sim 1. 8)f_{钻} = (1. 2 \sim 1. 8) \times 0. 65 \times 0. 75$$
$$= 0. 585 \sim 0. 87(\text{mm/r})$$

根据机床说明书,选取 $f = 0. 57$ mm/r

$$v = \left(\frac{1}{2} \sim \frac{1}{3}\right)v_{钻} = \left(\frac{1}{2} \sim \frac{1}{3}\right) \times 12 = 6 \sim 4(\text{m/min})$$

则主轴转速为 $n = 51. 6 \sim 34$ r/min,并按机床说明书取 $n_w = 68$ r/min。

实际切削速度为:

$$v = \frac{\pi d_w n_w}{1000} = \frac{\pi \times 37 \times 68}{1000} = 7. 9(\text{m/min})$$

切削工时(一个孔): $l = 19$ mm, $l_1 = 6$ mm, $l_2 = 3$ mm,则:

$$t_1 = \frac{19 + 6 + 3}{n_w f} = \frac{28}{68 \times 0. 57} = 0. 72(\text{min})$$

当扩钻两个孔时,切削工时为:

$$t = 0. 72 \times 2 = 1. 44(\text{min})$$

(3)扩孔 $\phi38. 7$ mm。采用刀具: $\phi38. 7$ 专用扩孔钻;进给量:

$$f = (0. 9 \sim 1. 2) \times 0. 7$$
$$= 0. 63 \sim 0. 84(\text{mm/r})(见《切削手册》表2. 10)$$

查机床说明书,取 $f = 0. 72$ mm/r。

机床主轴转速:取 $n = 68$ r/min,其切削速度 $v = 8. 26$ m/min。

切削工时: $l = 19$ mm, $l_1 = 3$ mm, $l_2 = 3$ mm,则:

$$t_1 = \frac{19 + 3 + 3}{nf} = \frac{25}{68 \times 0. 72} = 0. 51(\text{min})$$

当加工两个孔时:

$$t_m = 0. 51 \times 2 = 1. 02(\text{min})$$

(4)倒角 $2 \times 45°$ 双面。采用90°锪钻。为缩短辅助时间,取倒角时的主轴转速与扩孔时相同: $n = 68$ r/min,手动进给。

工序 8：精、细镗 $\phi 39^{+0.027}_{-0.010}$ mm 二孔，选用机床：T740 金刚镗床。

（1）精镗孔至 ϕ38.9 mm，单边余量 $Z = 0.1$ mm，一次镗去全部余量，$a_p = 0.1$ mm，进给量 $f = 0.1$ mm/r。

根据有关手册，确定金刚镗床的切削速度为 $v = 100$ m/min，则：

$$n_w = \frac{1000v}{\pi D} = \frac{1000 \times 100}{\pi \times 39} = 816(\text{r/min})$$

由于 T740 金刚镗主轴转速为无级调速，故以上转速可以作为加工时使用的转速。

切削工时（当加工一个孔时）：$l = 19$ mm，$l_2 = 3$ mm，$l_3 = 4$ mm，则：

$$t_1 = \frac{l + l_1 + l_2}{n_w f} = \frac{19 + 3 + 4}{816 \times 0.1} = 0.32(\text{min})$$

所以两个孔加工时的切削时间为：

$$t = 0.32 \times 2 = 0.64(\text{min})$$

（2）细镗孔至 $\phi 39^{+0.027}_{-0.010}$ mm。由于细镗与精镗孔共用一个镗杆，利用金刚镗床同时对工件精、细镗孔，故切削用量及工时均与精镗相同：

$$a_p = 0.05 \text{ mm};$$
$$f = 0.1 \text{ mm/r};$$
$$n_w = 816 \text{ r/min}, v = 100 \text{ m/min};$$
$$t = 0.64 \text{ min}。$$

工序 9：磨 ϕ39 mm 二孔端面，保证尺寸 $118^{0}_{-0.07}$ mm。

（1）选择砂轮。见《工艺手册》第三章中磨料选择各表，结果为：

$$\text{WA46KV6P350} \times 40 \times 127$$

其含义为：砂轮磨料为白刚玉，粒度为 46 号，硬度为中软 1 级，陶瓷结合剂，6 号组织，平型砂轮，其尺寸为：350 mm × 40 mm × 127 mm（$D \times B \times d$）。

（2）切削用量的选择。砂轮转速 $n_{砂} = 1500$ r/min（见机床说明书），$v_{砂} = 27.5$ m/s。

轴向进给量 $f_a = 0.5B = 20$ mm（双行程）

工件速度 $v_w = 10$ m/min

径向进给量 $f_r = 0.015$ mm（双行程）

（3）切削工时。当加工一个表面时：

$$t_1 = \frac{2LbZ_b k}{1000 v f_a f_r} （见《工艺手册》表 6.2-8）$$

式中 L——加工长度，$L = 73$ mm；

b——加工宽度，$b = 68$ mm；

Z_b——单面加工余量，$Z_b = 0.2$ mm；

k——系数，1.10；

v——工作台移动速度，m/min；

f_a——工作台往返一次砂轮轴向进给量，mm；

f_r——工作台往返一次砂轮径向进给量，mm。

则

$$t_1 = \frac{2 \times 73 \times 68 \times 1.1}{1000 \times 10 \times 20 \times 0.015} = \frac{10920}{3000} = 3.64(\text{min})$$

当加工两端面时：

$$t_m = 3.64 \times 2 = 7.28(\text{min})$$

工序 10：钻螺纹底孔 4-ϕ6.7 mm 并倒角 120°。

$f = 0.2 \times 0.50 = 0.1$（mm/r）（见《切削手册》表 2.7）

$v = 20$ m/min（见《切削手册》表 2.13 及表 2.14）

所以
$$n_s = \frac{1000v}{\pi D} = \frac{1000 \times 20}{\pi \times 6.7} = 950\,(\text{r/min})$$

按机床取 $n_w = 960$ r/min，故 $v = 20.2$ m/min。

切削工时（4 个孔）：$l = 19$ mm，$l_1 = 3$ mm，$l_2 = 1$ mm，则：

$$t_m = \frac{l + l_1 + l_2}{n_w f} \times 4 = \frac{19 + 3 + 1}{960 \times 0.1} \times 4 = 0.96\,(\text{min})$$

倒角仍取 $n = 960$ r/min。手动进给。

工序 11：攻螺纹 4-M8 mm 及 Rc1/8。

由于公制螺纹 M8 mm 与锥螺纹 Rc1/8 外径相差无几，故切削用量一律按加工 M8 选取

$$v = 0.1\text{ m/s} = 6\text{ m/min}$$

所以　　$n_s = 238$ r/min

按机床选取　$n_w = 195$ r/min，则 $v = 4.9$ m/min。

切削工时：$l = 19$ mm，$l_1 = 3$ mm，$l_2 = 3$ mm，攻 M8 孔，则：

$$t_{m_1} = \frac{(l + l_1 + l_2)2}{nf} \times 4 = \frac{(19 + 3 + 3) \times 2}{195 \times 1} \times 4 = 1.02\,(\text{min})$$

攻 Rc1/8 孔，$l = 11$ mm，$l_1 = 3$ mm，$l_2 = 0$，则：

$$t_{m_2} = \frac{l + l_1 + l_2}{nf} \times 2 = \frac{11 + 3}{195 \times 0.94} \times 2 = 0.15\,(\text{min})$$

最后，将以上各工序切削用量、工时定额的计算结果，连同其他加工数据，一并填入机械加工工艺过程综合卡片中，见附表 1。

1.2.3　专用夹具设计

为了提高劳动生产率，保证加工质量，降低劳动强度，需要设计专用夹具。

经过与指导教师协商，决定设计第 6 道工序——粗铣 ϕ39 mm 二孔端面的铣床夹具。本夹具将用于 X63 卧式铣床。刀具为两把高速钢镶齿三面刃铣刀，对工件的两个端面同时进行加工。

1.2.3.1　问题指出

本夹具主要用来粗铣 ϕ39 mm 二孔的两个端面，这两个端面对 ϕ39 mm 孔及花键孔都有一定的技术要求。但加工到本道工序时，ϕ39 mm 孔尚未加工，而且这两个端面在工序 9 还要进行磨削加工。因此，在本道工序加工时，主要应考虑如何提高劳动生产率，降低劳动强度。

1.2.3.2　夹具设计

（1）定位基准的选择。由零件图可知，ϕ39 mm 二孔端面应对花键孔中心线有平行度及对称度要求，其设计基准为花键孔中心线。为了使定位误差为零，应该选择以花键孔定位的自动定心夹具。但这种自动定心夹具在结构上将过于复杂，因此这里只选用以花键孔为主要定位基面。

为了提高加工效率，现决定用两把镶齿三面刃铣刀对两个 ϕ39 mm 孔端面同时进行加工。同时，为了缩短辅助时间，准备采用气动夹紧。

（2）切削力及夹紧力的计算。刀具：高速钢镶齿三面刃铣刀，ϕ225 mm，$z = 20$，则：

$$F = \frac{c_F\, a_p^{x_F}\, f_z^{y_F}\, a_e^{u_F}\, z}{d_0^{q_F}\, n^{w_F}}\text{（见《切削手册》表 3.28）}$$

式中，$c_F = 650, a_p = 3.1$ mm，$x_F = 1.0, f_z = 0.08$ mm，$y_F = 0.72, a_e = 40$ mm（在加工面上测量的近似值）$u_F = 0.86, d_0 = 225$ mm，$q_F = 0.86, w_F = 0, z = 20$，所以：

$$F = \frac{650 \times 3.1 \times 0.08^{0.72} \times 40^{0.86} \times 20}{225^{0.86}} = 1456(N)$$

当用两把刀铣削时，$F_{实} = 2F = 2912(N)$

水平分力：$F_H = 1.1F_{实} = 3203(N)$

垂直分力：$F_V = 0.3F_{实} = 873(N)$

在计算切削力时，必须考虑安全系数 K：

$$K = K_1 K_2 K_3 K_4$$

式中　K_1——基本安全系数，1.5；

　　　K_2——加工性质系数，1.1；

　　　K_3——刀具钝化系数，1.1；

　　　K_4——断续切削系数，1.1。

则　　　　　$F' = KF_H = 1.5 \times 1.1 \times 1.1 \times 1.1 \times 3203 = 6395(N)$

选用气缸-斜楔夹紧机构，楔角 $\alpha = 10°$，其结构形式选用 Ⅳ 型，则扩力比 $i = 3.42$。

为克服水平切削力，实际夹紧力 N 应为：

$$N(f_1 + f_2) = KF_H$$

所以　　　　　　　　　　　　$N = \frac{KF_H}{f_1 + f_2}$

式中，f_1 及 f_2 为夹具定位面及夹紧面上的摩擦系数，$f_1 = f_2 = 0.25$。则：

$$N = \frac{6395}{0.5} = 12790(N)$$

选用 $\phi 100$ mm 气缸。当压缩空气单位压力 $p = 0.5$ MPa 时，气缸推力为 3900 N。由于已知斜楔机构的扩力比 $i = 3.42$，故由气缸产生的实际夹紧力为：

$$N_{实} = 3900i = 3900 \times 3.42 = 13338(N)$$

此时 $N_{实}$ 已大于所需的 12790N 的夹紧力，故本夹具可安全工作。

（3）定位误差的分析。

1）定位元件尺寸及公差的确定。本夹具的主要定位元件为一花键轴，该定位花键轴的尺寸与公差现规定为与本零件在工作时与其相配花键轴的尺寸与公差相同，即为 $16 \times 43H11 \times 50H8 \times 5H10$ mm。

2）计算最大转角。零件图样规定 $\phi 50^{+0.039}_{0}$ mm 花键孔键槽宽中心线与 $\phi 39^{+0.027}_{-0.010}$ mm 两孔中心线转角公差为 $2°$。由于 $\phi 39$ mm 孔中心线应与其外端面垂直，故要求 $\phi 39$ mm 二孔端面之垂线应与 $\phi 50$ mm 花键孔键槽宽中心线转角公差为 $2°$。此项技术要求主要应由花键槽宽配合中的侧向间隙保证。

已知花键孔键槽宽为 $5^{+0.048}_{0}$ mm，夹具中定位花键轴键宽为 $5^{-0.025}_{-0.065}$ mm，因此当零件安装在夹具中时，键槽处的最大侧向间隙为：

$$\Delta b_{max} = 0.048 - (-0.065) = 0.113(mm)$$

因此而引起的零件最大转角 α 为：

$$\tan\alpha = \frac{\Delta b_{max}}{R} = \frac{0.113}{25} = 0.00452$$

所以

$$\alpha = 0.258°$$

即最大侧隙能满足零件的精度要求。

3）计算 $\phi 39$ mm 二孔外端面铣加工后与花键孔中心线的最大平行度误差。零件花键孔与定位心轴外径的最大间隙为：

$$\Delta_{max} = 0.048 - (-0.083) = 0.131 (mm)$$

当定位花键轴的长度取 100 mm 时，则由上述间隙引起的最大倾角为 0.131/100。此即为由于定位问题而引起的 $\phi 39$ mm 孔端面对花键孔中心线的最大平行度误差。由于 $\phi 39$ mm 孔外端面以后还要进行磨削加工，故上述平行度误差值可以允许。

（4）夹具设计及操作的简要说明。如前所述，在设计夹具时，为提高劳动生产率，应首先着眼于机动夹紧，本道工序的铣床夹具就选择了气动夹紧方式。本工序由于是粗加工，切削力较大，为了夹紧工件，势必要增大气缸直径，而这将使整个夹具过于庞大。因此，应设法降低切削力。目前采取的措施有三个：一是提高毛坯的制造精度，使最大切削深度降低，以降低切削力；二是选择一种比较理想的斜楔夹紧机构，尽量增加该夹紧机构的扩力比；三是在可能的情况下，适当提高压缩空气的工作压力（由 0.4 MPa 增至 0.5 MPa），以增加气缸推力。结果，本夹具结构比较紧凑。

夹具上装有对刀块，可使夹具在一批零件的加工之前很好地对刀（与塞尺配合使用）；同时，夹具体底面上的一对定位键可使整个夹具在机床工作台上有一正确的安装位置，以利于铣削加工。

铣床夹具的装配图及夹具体零件图分别见附图 3 及附图 4。

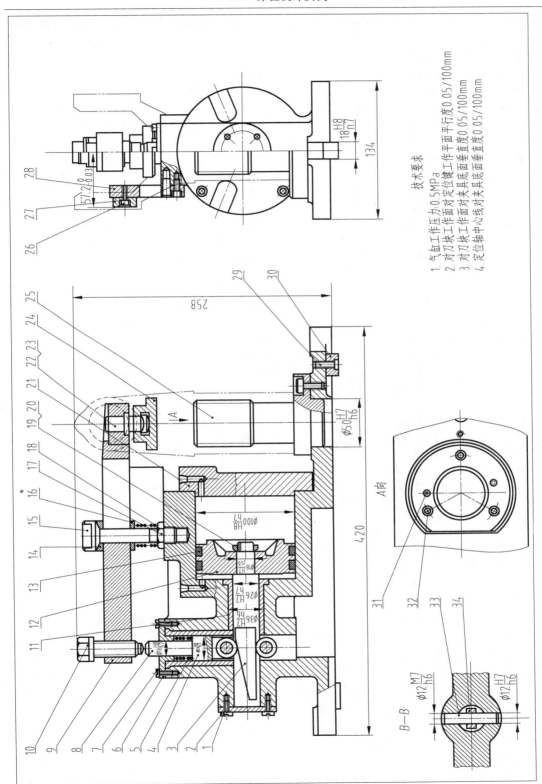

技术要求

1. 气缸工作压力 0.5MPa
2. 对刀块工作平面对定位镶工作平面平行度 0.05/100mm
3. 对刀块工作平面对夹具底面垂直度 0.05/100mm
4. 定位轴中心线对夹具底面垂直度 0.05/100mm

附图 3（ I ）　铣床夹具装配图

序　号	名　　称	件　数	材　料	备　　注
34	滚　轴	2	45 钢	45 ~ 50HRC
33	轴	2	45 钢	45 ~ 50HRC
32	内六角螺钉	7	35 钢	M8 × 20　GB70—80
31	锥　销	4	35 钢	6 × 25 GB117—80
30	定位键	2	45 钢	43 ~ 48HRC
29	螺　钉	1	35 钢	M8 × 18
28	支　架	1	45 钢	
27	对刀块	1	T7A	55 ~ 60HRC
26	螺　钉	1	35 钢	M8 × 10
25	定位轴	1	45 钢	45 ~ 50HRC
24	足　块	1	45 钢	35 ~ 40HRC
23	弹性挡圈	1	65Mn	16GB 894—80 48 ~ 53HRC
22	轴	1	45 钢	
21	端　盖	1	HT200	
20	止动垫圈	1	Q235 钢	16GB858—80
19	圆螺母	1	45 钢	M16 × 1.5 GB812—80
18	弹　簧	1	65Mn	
17	螺　母	1	Q235 钢	M16GB54—80
16	垫　圈	1	Q235 钢	16GB95—80
15	球头螺栓	1	45 钢	AM16 × 70GB2165—80 35 ~ 40HRC
14	球面垫圈	1	45 钢	$D = 17,40 ~ 45$HRC
13	密封圈	2	耐油橡胶	O 型,$D = 100$
12	活　塞	1	ZL_3	
11	套	1	20 钢	
10	螺　钉	1	45 钢	M16 × 50 GB2161—80 35 ~ 40HRC
9	压　板	1	35 钢	
8	轴	1	45 钢	
7	螺　钉	4	35 钢	M6 × 14
6	盖	1	20 钢	
5	弹　簧	1	65Mn	
4	夹具体	1	HT200	
3	楔　轴	1	45 钢	50 ~ 55HRC
2	盖	1	20 钢	
1	螺　钉	4	35 钢	M8 × 12

序　号	名　　称	件　数	材　料	备　　注	
	铣床夹具	比　例	1:1	8303	
		件　数			
设　计		重　量		共 1 张	第 1 张
指　导			× × × 大　学		
审　核				班	

附图 3(Ⅱ)　铣床夹具装配图技术说明表

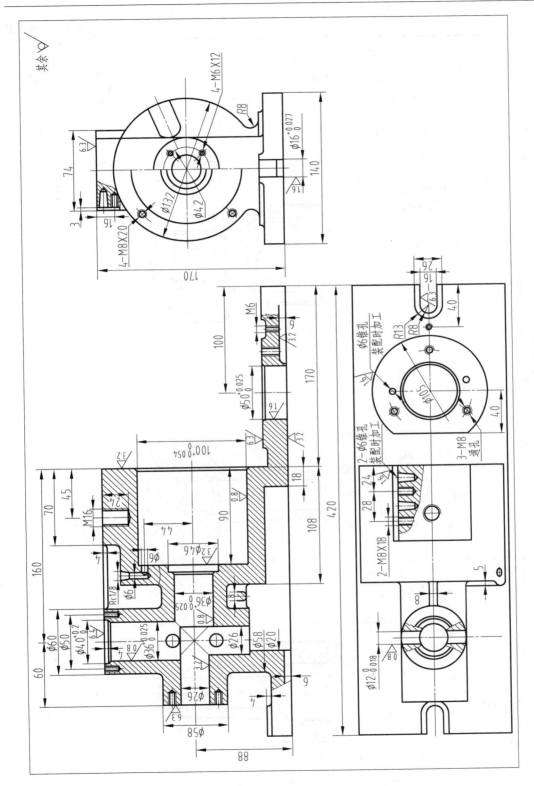

附图4 夹具体零件图

附表 1　机械加工

× × × 大学			零件号	
			零件名称	万向节滑动叉
机械加工工艺过程综合卡片			生产类型	大批生产

工序	安装（工位）	工步	工 序 说 明	工 序 简 图	机床
I	1	1	粗车端面至 ϕ30 mm，保证尺寸 185$_{-0.46}^{0}$ mm		卧式车床 C620-1
		2	粗车 ϕ62 mm 外圆		
		3	车 ϕ60 mm 外圆		
		4	车 M60×1 mm 螺纹 粗车螺纹		
		5	精车螺纹		
II	1		钻、扩花键底孔 ϕ43 mm 及锪沉头孔 ϕ55 mm		转塔车床 C365L
		1	钻孔 ϕ25 mm		
		2	钻孔 ϕ41 mm		
		3	扩花键底孔 ϕ43 mm		
		4	锪圆柱式沉头孔 ϕ55 mm		
III	1	1	ϕ43 mm 内孔倒角 5×30°		C620-1

工艺过程综合卡片

材 料	45钢					编 制			（日期）		
毛坯重量	6kg					指 导					
毛坯种类	模锻件					审 核					
夹具或辅助工具	刀 具	量具	走刀次数	走刀长度/mm	切削深度/mm	进给量/mm·r⁻¹	主轴转速/r·min⁻¹	切削速度/m·min⁻¹	工时定额/min		
									基本时间	辅助时间	工作地服务时间
专用夹具	YT15外圆		2	17.5	3	0.5	600	122	0.096		
	车 刀	卡板	1	94	1.5	0.5	600	122	0.31		
			1	24	1	0.5	770	145	0.06		
	W18Cr4V	螺纹量规	4	18	0.17	1	96	18	0.75		
	螺纹车刀		2	18	0.08	1	184	34		0.18	
专用夹具	麻花钻 φ25 mm		1	164	12.5	0.41	136	10.68	3		
	φ41 mm	卡尺	1	159	8	0.76	58	7.47	3.55		
	扩孔钻 φ43 mm		1	154.5	1	1.24	58	7.7	2.14		
	锪 钻 φ55 mm		1	10	6	0.21	44	8.29	1.08		
专用夹具	成形车刀	样板	1	8		0.08	120	16.2	0.83		

××× 大学					零件号	
机 械 加 工 工 艺 过 程 综 合 卡 片					零件名称	万向节滑动叉
					生产类型	大批生产
工序	安装（工位）	工步	工 序 说 明	工 序 简 图		机床
Ⅳ	1	1	钻锥螺纹 Rc1/8 底孔（φ8.8 mm）			立式钻床 Z525
Ⅴ	1	1	拉花键孔 16×43H11×50H8×5H10 mm			卧式拉床 L6120
Ⅵ	1	1	粗铣 φ39 mm 两孔端面，保证尺寸 118.4$_{-0.22}^{0}$ mm			卧式铣床 X63

续附表 1

材　料		45　钢		编　制					（日期）	
毛坯重量		6kg		指　导						
毛坯种类		模锻件		审　核						
夹具或辅助工具	刀　具	量具	走刀次数	走刀长度/mm	切削深度/mm	进给量/mm·r^{-1}	主轴转速/r·min^{-1}	切削速度/m·min^{-1}	工时定额/min		
									基本时间	辅助时间	工作地服务时间
专用夹具	麻花钻头 ϕ8.8 mm		1	18	4.4	0.11	680	18.8	0.24		
专用夹具	花键拉刀	花键量规	1			0.06 mm/齿		3.6	0.42		
专用夹具	高速钢镶齿三面刃铣刀 ϕ225 mm	卡板	1	105	3.1	60 mm/min	37.5	26.5	1.75		

× × × 大学	零件号	
	零件名称	万向节滑动叉
机械加工工艺过程综合卡片	生产类型	大批生产

工序	安装(工位)	工步	工序说明	工序简图	机床
Ⅶ	1	1	钻、扩 φ39 mm 二孔及倒角 钻孔 φ25 mm	185 2.5×45° R250 R250 φ38.7	立式钻床 Z535
		2	扩钻 φ37 mm		
		3	扩孔 φ38.7 mm		
		4	倒角 2×45°		
	2	1	倒角 2×45°		
Ⅷ	1	1	精镗、细镗 φ39$^{+0.027}_{-0.010}$ mm二孔 精镗孔 φ38.9 mm	185 φ39$^{+0.027}_{-0.010}$	金刚镗床 T740
		2	细镗孔 φ39$^{+0.027}_{-0.010}$ mm		
Ⅸ	1	1	磨 φ39 mm 二孔端面 磨上端面	6.3 118$^{0}_{-0.07}$ 6.3	平面磨床 M7130
	2	1	磨另一端面		

续附表1

材料	45 钢				编 制				（日期）		
毛坯重量	6kg				指 导						
毛坯种类	模锻件				审 核						

夹具或辅助工具	刀 具	量 具	走刀次数	走刀长度/mm	切削深度/mm	进给量/mm·r⁻¹	主轴转速/r·min⁻¹	切削速度/m·min⁻¹	工时定额/min		
									基本时间	辅助时间	工作地服务时间
专用夹具	麻花钻 φ25 mm		1	62	12.5	0.25	195	15.3	1.27		
	φ37 mm		1	56	6	0.57	68	7.9	1.44		
	扩孔钻 φ38.7 mm		1	50	0.85	0.72	68	8.26	1.02		
	90°锪钻		1				68				
	90°锪钻		1				68				
专用夹具	YT30 镗刀	塞规	1	52	0.1	0.1	816	100	0.64		
			1	52	0.05	0.1	816	100	0.64		
专用夹具	砂轮 WA46KV6P 350×40×127	卡板		73				27.5m/s	3.64		
				73				27.5m/s	3.64		

××× 大学			零件号	
			零件名称	万向节滑动叉
机械加工工艺过程综合卡片			生产类型	大批生产

工序	安装（工位）	工步	工序说明	工序简图	机床
X	1	1	钻螺纹底孔 4—φ6.7 mm 并倒角 钻孔 2—φ6.7 mm		立式钻床Z525
	2	1	钻孔 2—φ6.7 mm		
		2	倒角		
	3	1	倒角		
XI	1	1	攻螺纹 4—M8 及 Rc1/8 攻螺纹 2—M8		
	2	1	攻螺纹 2—M8		
	3	1	攻 Rc1/8		
XII			冲箭头		
XIII			检查		

材 料	45 钢		编 制						（日期）		
毛坯重量	6kg		指 导								
毛坯种类	模锻件		审 核								

夹具或辅助工具	刀 具	量具	走刀次数	走刀长度/mm	切削深度/mm	进给量/mm·r^{-1}	主轴转速/r·min^{-1}	切削速度/m·min^{-1}	工时定额/min		
									基本时间	辅助时间	工作地服务时间
专用夹具	麻花钻 ϕ6.7 mm		1	23	3.35	0.1	960	20.2	0.48		
			1	23	3.35	0.1	960	20.2	0.48		
	锪钻 120°		1				960				
	锪钻 120°		1				960				
	M8 丝锥		1	25		1.25	195	4.9	0.51		
	M8 丝锥		1	25		1.25	195	4.9	0.51		
	Rc1/8 丝锥		1	25		0.94	195	4.9	0.26		

2 机械制造工艺规程与专用夹具设计

2.1 机械加工工艺规程设计

2.1.1 设计工艺规程的基本要求

机械加工工艺规程是指导生产的重要技术文件,是一切有关的生产人员应严格执行、认真贯彻的纪律性文件。制订机械加工工艺规程应满足以下基本要求:

(1)工艺规程应保证零件的加工质量,可靠地达到产品图纸所提出的全部技术条件,并尽量提高生产率和降低消耗。

(2)工艺规程应尽量降低工人的劳动强度,使其有良好的工作条件。

(3)工艺规程应在充分利用现有生产条件的基础上,尽量采用国内外先进工艺技术。

(4)工艺规程应正确、完整、统一、清晰。

(5)工艺规程应规范、标准,其幅面、格式与填写方法以及所用的术语、符号、代号等应符合相应标准的规定。

(6)工艺规程中的计量单位应全部使用法定计量单位。

2.1.2 设计工艺规程的原始资料

在制订机械加工工艺规程时,应具备下列原始资料:

(1)产品的整套装配图和零件图;

(2)产品的验收质量标准;

(3)产品的生产纲领;

(4)现有的生产条件(设计条件);

(5)有关工艺标准、设备和工艺装备资料;

(6)国内外同类产品的生产技术发展情况。

2.1.3 设计工艺规程的内容及步骤

零件图、生产纲领、每日班次和生产条件是本设计的主要原始资料,由这些资料确定了生产类型和生产组织形式之后,即可开始拟订工艺规程。

2.1.3.1 对零件(和实物)进行工艺分析,画零件图

学生应首先对零件图和装配图进行工艺分析,着重了解以下内容:

(1)零件的性能、功用、工作条件;

(2)零件的材料和热处理要求;

(3)零件的确切形状和结构特点;

(4)零件的主要加工表面、主要技术要求和关键的技术问题;

(5)零件的结构工艺性。要从选材是否得当,尺寸标注和技术要求是否合理,加工的难易程度,成本高低,是否便于采用先进的、高效率的工艺方法等方面进行分析,对不合理之处可提出修

改意见。

绘制零件图的过程也是分析和认识零件的过程,零件图应按机械制图国家标准精心绘制。除特殊情况经指导教师同意外,均按 1:1 比例绘出,零件图的标题栏统一采用图 2-1 所示的格式。

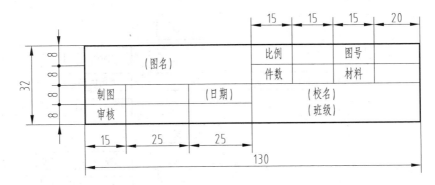

图 2-1 零件图标题栏

2.1.3.2 根据生产纲领(生产类型),确定工艺的基本特征

生产类型不同,零件和产品的制造工艺、所用设备及工艺装备、对工人的技术要求、采取的技术措施和达到的技术经济效果也会不同。各种生产类型的工艺特征归纳见表 2-1。

表 2-1 各种生产类型的工艺特征

工 艺 特 征	生 产 类 型		
	单件小批	中 批	大批大量
零件的互换性	用修配法,钳工修配,缺乏互换性	大部分具有互换性。装配精度要求高时,灵活应用分组装配法和调整法,同时还保留某些修配法	具有广泛的互换性。少数装配精度较高处,采用分组装配法和调整法
毛坯的制造方法与加工余量	木模手工造型或自由锻造。毛坯精度低,加工余量大	部分采用金属模铸造或模锻。毛坯精度和加工余量中等	广泛采用金属模机器造型、模锻或其他高效方法。毛坯精度高,加工余量小
机床设备及其布置形式	通用机床。按机床类别采用机群式布置	部分通用机床和高效机床。按工件类别分工段排列设备	广泛采用高效专用机床及自动机床。按流水线和自动线排列设备
工艺装备	大多采用通用夹具、标准附件、通用刀具和万能量具。靠划线和试切法达到精度要求	广泛采用夹具,部分靠找正装夹达到精度要求。较多采用专用刀具和量具	广泛采用专用高效夹具、复合刀具、专用量具或自动检验装置。靠调整法达到精度要求
对工人的技术要求	需技术水平较高的工人	需一定技术水平的工人	对调整工的技术水平要求高,对操作工的技术水平要求较低
工艺文件	有工艺过程卡,关键工序要工序卡	有工艺过程卡,关键零件要工序卡	有工艺过程卡和工序卡,关键工序要调整卡和检验卡
成 本	较 高	中 等	较 低

2.1.3.3　确定毛坯类型和制造方法,画毛坯图

（1）零件毛坯的类型对零件的机械加工工艺过程、材料消耗、加工劳动量等影响很大,故正确选择毛坯种类与制造方法非常重要。机械零件常用的毛坯类型见图2-2。常用毛坯类型及制造方法见表2-2。

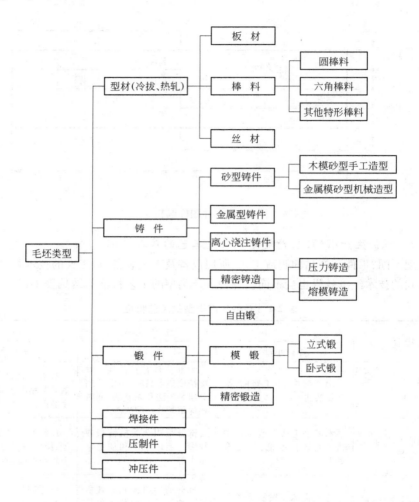

图 2-2　毛坯的类型

（2）根据生产类型、零件结构、形状、尺寸、材料等选择毛坯制造方式,确定毛坯的精度。此时,若零件毛坯选用型材,则应确定其名称、规格;如为铸件,则应确定分型面、浇冒口的位置;若为锻件,则应确定锻造方式及分模面等。

（3）查阅有关的机械加工工艺手册,用查表法和计算法确定各表面的总余量及余量公差。

（4）绘制毛坯图（见图2-3）,步骤如下:

先用粗实线画出经过简化了次要细节的零件图的主要视图,将已确定的加工余量叠加在各相应被加工表面上,即得到毛坯轮廓,用双点划线表示,比例为1:1。

和一般零件图一样,为表达清楚某些内部结构,可画出必要的剖视、剖面。对于由实体上加工出来的槽和孔,可不必这样表达。

表 2-2 常用毛坯类型及制造方法

毛坯类型	毛坯制造方法	材　料	形状复杂性	公差等级(IT)	特点及适应的生产类型
型材	热轧	钢、有色金属(棒、管、板、异形)	简　单	11~12	常用作轴、套类零件及焊接毛坯分件,冷轧钢尺寸较小,精度高但价格昂贵
	冷轧			9~10	
铸件	木模手工造型	铸铁、铸钢和有色金属	复杂	12~14	单件小批生产
	木模机器造型			11~12	成批生产
	金属模机器造型			11~12	大批大量生产
	离心模铸造	有色金属、部分黑色金属	回转体	12~14	成批、大量生产
	压力铸造	有色金属	较复杂	9~10	大批大量生产
锻件	自由锻	钢	简　单	12~14	用于制造强度高、形状简单的零件(轴类和齿轮类)
	模锻		较复杂	11~12	单件小批生产
	精密模锻			10~11	大批大量生产
冲压件	板料加压	钢、有色金属	较复杂	8~9	大批大量生产
粉末冶金	粉末冶金	铁、钢、铝基材	较复杂	7~8	机械加工余量极小或无加工余量,成本高,适用于大批大量生产。不适于结构复杂、薄壁、有锐角的零件
	粉末冶金热模锻			6~7	
焊接件	普通焊接	铁、钢、铝基材	较复杂	12~13	适用于单件小批或成批生产。因其生产周期短、不需要准备模具、刚性好及省材料而常用来代替铸件,但抗振性差、容易变形、尺寸误差大
	精密焊接			10~11	
工程塑料	注射成形	工程塑料	复杂	9~10	大批大量生产
	吹塑成形				
	精密模压				

铸造毛坯可获得复杂形状,其中灰铸铁因成本低廉、耐磨性、吸振性好而广泛用作机架、箱体类零件毛坯

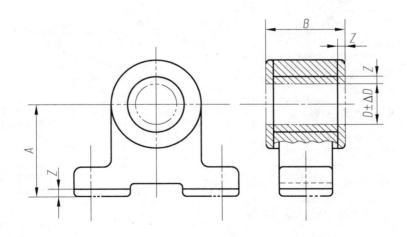

图 2-3 毛坯图

在图上标出毛坯主要尺寸及公差,标出加工余量的名义尺寸。

标明毛坯技术要求。如毛坯精度、热处理及硬度、圆角尺寸、拔模斜度、表面质量要求(气孔、缩孔、夹砂)等。

2.1.3.4　拟定零件的机械加工工艺路线

零件的机械加工工艺过程是工艺规程设计的中心问题。要以"优质、高产、低消耗"为宗旨,设计时应拟出 2～3 个方案,经全面分析对比,选择出一个较合理的方案。

(1)选择定位基准。正确地选择定位基准是设计工艺过程的一项重要内容,也是保证零件加工精度的关键。

定位基准分为精基准、粗基准和辅助基准。在最初加工工序中,只能用毛坯上未经加工的表面作为定位基准(粗基准)。在后续工序中,则使用已加工表面作为定位基准(精基准)。在制定工艺规程时,总是先考虑选择怎样的精基准以保证达到精度要求,并把各个表面加工出来,然后再考虑选择合适的粗基准把精基准面加工出来。另外,为了使工件便于装夹和易于获得所需加工精度,可在工件上某部位作一辅助基准,用以定位。

应从零件的整个加工工艺过程的全局出发,在分析零件的结构特点、设计基准和技术要求的基础上,根据粗、精基准的选择原则,合理选择定位基准。

(2)确定各个加工表面的加工方案。确定工件各加工表面的加工方案是拟定工艺路线的重要问题。主要依据零件各加工表面的技术要求来确定,同时还要综合考虑到生产类型、零件的结构形状和加工表面的尺寸、工厂现有的设备情况、工件材质和毛坯情况等。

在明确了各主要加工表面的技术要求后,即可据此选择能保证该要求的最终加工方法,然后确定前面一系列准备工序的加工方法和顺序,再选定各次要表面的加工方法。

在确定各加工表面的加工方法和加工次数时,可参阅表 2-3 ～ 表 2-5。选择时应考虑下列因素:

表 2-3　外圆表面加工方案

序号	加 工 方 案	经济加工精度的公差等级(IT)	加工表面粗糙度 $Ra/\mu m$	适 用 范 围
1	粗车	11～12	50～12.5	适用于淬火钢以外的各种金属
2	粗车—半精车	8～10	6.3～3.2	
3	粗车—半精车—精车	6～7	1.6～0.8	
4	粗车—半精车—精车—滚压(或抛光)	5～6	0.2～0.025	
5	粗车—半精车—磨削	6～7	0.8～0.4	主要用于淬火钢,也可用于未淬火钢,但不宜加工非铁金属
6	粗车—半精车—粗磨—精磨	5～6	0.4～0.1	
7	粗车—半精车—粗磨—精磨—超精加工(或轮式超精磨)	5～6	0.1～0.012	
8	粗车—半精车—精车—金刚石车	5～6	0.4～0.025	主要用于要求较高的非铁金属的加工
9	粗车—半精车—粗磨—精磨—超精磨(或镜面磨)	5级以上	<0.025	适用于极高精度的钢或铸铁的外圆加工
10	粗车—半精车—粗磨—精磨—研磨	5级以上	<0.1	

表2-4 孔加工方案

序号	加工方案	经济加工精度的公差等级(IT)	加工表面粗糙度 Ra/μm	适用范围
1	钻	11~12	12.5	加工未淬火钢及铸铁的实心毛坯, 也可用于加工非铁金属(但表面粗糙度值稍高), 孔径小于20 mm
2	钻—铰	8~10	3.2~1.6	
3	钻—粗铰—精铰	7~8	1.6~0.8	
4	钻—扩	11	12.5~6.3	加工未淬火钢及铸铁的实心毛坯, 也可用于加工非铁金属(但表面粗糙度值稍高), 孔径大于20 mm
5	钻—扩—铰	8~9	3.2~1.6	
6	钻—扩—粗铰—精铰	7	1.6~0.8	
7	钻—扩—机铰—手铰	6~7	0.4~0.1	
8	钻—(扩)—拉(或推)	7~9	1.6~0.1	大批大量生产中小零件的通孔
9	粗镗(或扩孔)	11~12	12.5~6.3	除淬火钢外各种材料, 毛坯有铸出孔或锻出孔
10	粗镗(粗扩)—半精镗(精扩)	9~10	3.2~1.6	
11	粗镗(粗扩)—半精镗(精扩)—精镗(铰)	7~8	1.6~0.8	
12	粗镗(扩)—半精镗(精扩)—精镗—浮动镗刀块精镗	6~7	0.8~0.4	
13	粗镗(扩)—半精镗—磨孔	7~8	0.8~0.2	主要用于加工淬火钢, 也可用于不淬火钢, 但不宜用于非铁金属
14	粗镗(扩)—半精镗—粗磨—精磨	6~7	0.2~0.1	
15	粗镗—半精镗—精镗—金刚镗	6~7	0.4~0.05	主要用于精度要求较高的非铁金属加工
16	钻—(扩)—粗铰—精铰—珩磨 钻—(扩)—拉—珩磨 粗镗—半精镗—精镗—珩磨	6~7	0.2~0.025	精度要求很高的孔
17	以研磨代替上述方案中的珩磨	5~6	<0.1	
18	钻(或粗镗)—扩(半精镗)—精镗—金刚镗—脉冲滚挤	6~7	0.1	成批大量生产的非铁金属零件中的小孔, 铸铁箱体上的孔

表2-5 平面加工方案

序号	加工方案	经济加工精度的公差等级(IT)	加工表面粗糙度 Ra/μm	适用范围
1	粗车—半精车	8~9	6.3~3.2	端面
2	粗车—半精车—精车	6~7	1.6~0.8	
3	粗车—半精车—磨削	7~9	0.8~0.2	
4	粗刨(或粗铣)—精刨(或精铣)	7~9	6.3~1.6	一般不淬硬的表面(端铣的表面粗糙度值较低)
5	粗刨(或粗铣)—精刨(或精铣)—刮研	5~6	0.8~0.1	精度要求较高的不淬硬平面 批量较大时宜采用宽刃精刨方案
6	粗刨(或粗铣)—精刨(或精铣)—宽刃精刨	6~7	0.8~0.2	
7	粗刨(或粗铣)—精刨(或精铣)—磨削	6~7	0.8~0.2	
8	粗刨(或粗铣)—精刨(或精铣)—粗磨—精磨	5~6	0.4~0.025	精度要求较高的淬硬表面或不淬硬平面
9	粗铣—拉	6~9	0.8~0.2	大量生产, 较小的平面
10	粗铣—精铣—磨削—研磨	5级以上	<0.1	高精度平面

应选择相应的能获得经济加工精度的加工方法。例如,公差为 IT7 级和表面粗糙度为 $Ra0.4\ \mu m$ 的外圆表面,若用车削,采取一定的工艺措施是可以达到精度要求的,但就不如采用磨削经济。

所选择的加工方法要能保证加工表面的几何形状和相互位置精度要求。例如,加工直径为 200 mm 的外圆表面,其圆度公差为 0.006 mm,这时应采用磨削加工,因为在普通车床上一般只能达到 0.02 mm 的圆度公差。

所选加工方法要与工件材料的加工性能相适应。例如,淬火钢应采用磨削加工,而有色金属则磨削困难,一般采用金刚镗或高速精密车削的方法进行精加工。

所选加工方法要与生产类型相适应。

所选加工方法要与本厂现有生产条件(或设计条件)相适应。

（3）划分加工阶段,安排加工顺序。对于精度和表面质量要求较高的零件,应将粗精加工分开进行。一般将整个工艺过程划分为粗加工阶段、半精加工阶段、精加工阶段和光整加工阶段。

安排加工顺序,应包括切削加工、热处理工序,以及检验、表面处理、去毛刺等辅助工序的安排。

为了改善工件材料的力学性能与切削性能,以及消除切削加工过程中产生的残余应力,在加工过程中,应根据零件的技术要求和材料的性质,合理地安排热处理工序,各种零件最终热处理与表面处理工艺的合理搭配见表 2-6。

表 2-6　各种零件最终热处理与表面处理工艺的合理搭配

零件材料	最终热处理及表面处理工艺	性能特点及适用范围	典型零件	零件材料	最终热处理及表面处理工艺	性能特点及适用范围	典型零件
灰铸铁件	时效 + 涂装	在大气环境下有一定保护作用	壳体、箱体	球墨铸铁件	退火 + 等离子喷焊	塑性韧度高,喷焊表面耐磨性好	中压阀门
	时效 + 磷化				正火	强度、硬度较高,有一定塑韧性	轴类、连杆
	时效 + 热浸镀(锌)	有较好的抗大气腐蚀性能	管接头		正火 + 表面淬火	强度及表面硬度高,耐磨性好	曲轴、凸轮轴
	时效 + 电镀	改善摩擦副的摩擦性能	缸套、活塞环		正火 + 电镀	改善摩擦副的摩擦性能	缸套、活塞环
	时效 + 表面淬火	提高耐磨性	机床导轨		正火 + 渗氮	疲劳强度及耐磨性好	齿轮
					等温淬火	具有良好的综合力学性能	齿轮、磨球
	时效 + 等离子喷焊(铜)	提高耐磨性	低压阀门	铸钢、锻钢件	正火 + 涂装	具有一般力学性能和保护作用,用于大气环境下的非受力件	壳体
可锻铸铁件	石墨化退火 + 涂装	在大气环境下有一定保护作用	壳体		正火 + 表面淬火	形成内韧外硬的组织,具有良好的耐磨性和疲劳强度,多用于中碳钢	机床主轴、轧辊
	石墨化退火 + 热浸镀	有较好的抗大气腐蚀性能	电路金具		渗碳 + 渗硫	疲劳强度高,表面耐磨、减磨、耐蚀性好	高速齿轮
球墨铸铁件	退火 + 涂装	塑性韧度高,在大气环境下有一定保护作用	壳体、管体		渗硼	硬度很高(1500 ~ 3000HV),耐腐蚀,抗磨粒磨损性能好	牙轮钻、模具、泵内衬
					渗入碳化物形成元素		

零件材料	最终热处理及表面处理工艺	性能特点及适用范围	典型零件	零件材料	最终热处理及表面处理工艺	性能特点及适用范围	典型零件
铸钢、锻钢件	正火(调质)+热喷涂	提高耐磨、耐蚀性及其他特种性能(抗擦伤性、耐冷热疲劳性等)		铸钢、锻钢件	渗氮	用于中碳渗氮钢,处理温度低,变形小,具有高的疲劳强度、耐磨性并改善耐蚀性	丝杠、镗杆
	正火(调质)+堆焊				碳氮共渗		
	正火(调质)+物理气相沉积	提高耐磨、耐蚀性,可获得超硬覆盖层			渗硫	减磨、抗咬合性能优良,通常只能作为已硬化工件的后续处理工艺	渗碳齿轮、已淬火回火的刀具
	正火(调质)+电镀	形成装饰性或功能性多种镀层			硫碳氮共渗	减磨、抗咬合性能优良、变形很小,抗疲劳与耐磨性良好且在非酸性介质中耐蚀,适用于因黏着磨损、非重载疲劳断裂而失效的钢铁工件	曲轴、缸套、气门、刀具与多种模具
	正火(调质)+化学镀	形成超硬、耐磨、耐蚀镀层					
	正火(调质)+热浸镀	有较好的抗大气腐蚀性		钢型材	预处理+涂装	在大气环境下有一定保护及装饰作用	一般钢件
	正火(调质)+化学转化膜	获得耐蚀或减磨层			预处理+电镀	形成装饰性或功能性多种镀层	汽车、自行车零件
	固溶处理(+涂装)	不锈钢、高锰钢等铸锻件			预处理+热喷涂+涂装	形成有长效重腐蚀功能的复合覆层	恶劣环境下的户外钢结构
	固溶处理+时效	沉淀硬化钢铸、锻件			预处理+化学转化膜	提高耐蚀、耐磨性	
	调质(+涂装)	是中碳钢、中碳合金钢件最常用的热处理工艺,具有良好的综合力学性能	汽车半轴、汽轮机转子		预处理+物理气相沉积	获得超硬覆盖层,提高耐磨、耐蚀性	
	调质+表面淬火	心部综合力学性能高,耐磨性好	机床齿轮	铝合金	预处理+化学转化膜	提高耐蚀、耐磨性,可形成多种美观色彩,多用于铝型材	铝合金门窗
	调质+深冷处理+时效	马氏体转变完全,减少工件在使用中变形,硬度和疲劳强度高	丝杠、量具		淬火,时效	具有良好的综合力学性能,用于铝铸锻件	活塞
	淬火+中温回火	与调质相比,具有较高的强度与屈强比	弹簧、轴		淬火,时效+阳极氧化	形成高硬度的表面膜,具有较高的耐磨性和疲劳强度。用于承载较大的铝合金铸锻件	齿圈
	淬火,淬火+低温回火	用于低碳钢,具有低碳马氏体组织及较好的综合力学性能	高强度螺栓、链片、轴				
	淬火+低温回火,淬火+低温回火+氧化	用于高碳钢、高碳合金钢,具有高的硬度、强度、耐磨性	刀具、量具、轴承	高分子材料	电镀	外观好,有一定防腐性能	汽车、家电装饰件
	渗碳,碳氮共渗	用于低碳合金钢,具有高的疲劳强度、耐磨性和抗冲击性能	汽车、拖拉机传动齿轮				

机械加工顺序安排一般应：先粗后精、先面后孔、先主后次、基面先行，热处理按段穿插，检验按需安排。

（4）确定工序集中和分散倾向。安排完加工顺序之后，就可将各加工表面的每一次加工，按不同的加工阶段和先后的顺序组合成若干个工序。组合时可采用工序分散或工序集中的原则。

工序集中和分散各有特点，应根据生产纲领、技术要求、现场的生产条件（设计条件）和产品的发展情况来综合考虑。从发展角度来看，当前一般宜按工序集中原则来考虑。

（5）初拟加工工艺路线。根据前面已分析和确定的各方面问题，可初步拟订出 2~3 个较完整、合理的该零件的加工工艺路线。

2.1.3.5　选择各工序所用的机床、夹具、刀具、量具和辅具

（1）机床的选择。零件的加工精度和生产率在很大程度上是由使用的机床所决定的。要根据已确定的工艺基本特征，结合零件的结构和质量要求，选择出既能保证加工质量，又经济合理的机床和工艺装备。这时应认真查阅有关手册或实地调查，应将选定的机床或工装的有关参数记录下来，如机床型号、规格、工作台宽、T 型槽尺寸；刀具形式、规格、与机床连接关系；夹具、专用刀具设计要求，及与机床的连接方式等，为后面填写工艺卡片和夹具（刀具、量具）设计作好必要准备，免得届时重复查阅。机床设备的选择应遵循以下原则：

机床的加工尺寸范围应与工件外形轮廓尺寸相适应；

机床的精度应与工序精度要求相适应；

机床的生产率与工件的生产类型相适应；

机床的选择还应与现有设备条件相适应。

工艺装备的设计与选择应考虑以下因素：

产品的生产纲领、生产类型及生产组织结构；

产品的通用化程度及其产品的寿命周期；

工艺规程的特点；

现有设备负荷的均衡情况和通用工装的应用程度；

成组技术的应用；

安全技术要求；

满足工装设计的经济性原则，即在保证产品质量和生产效率的条件下，用完成工艺过程所需工装的费用作为选择分析的基础，对不同方案进行比较，使工装的制造费用及其使用维护费用最低。

（2）夹具的选择。夹具的选择要与工件的生产类型相适应，单件小批生产应尽量选用通用夹具，如机床三爪自定心卡盘、平口虎钳、转台等。大批量生产时，应采用高效的专用夹具，如气、液传动的专用夹具。在推行计算机辅助制造、成组技术等新工艺时，应采用成组夹具、可调夹具、组合夹具。所选夹具的精度应与工件的加工精度相适应。

（3）刀具的选择。刀具的选择主要取决于各工序的加工方法、工件材料、加工精度、所用机床的性能、生产率及经济性等。选择时主要确定刀具的材料（见表 2-7）、型号、主要切削参数等。

在生产中，应尽量采用标准刀具，必要时可采用高效复合刀具和其他一些专用刀具。

（4）量具的选择。量具主要根据生产类型和所要求检验的精度来选择。单件小批量生产中应采用标准的通用量具，如卡尺、千分尺等。大批量生产中，一般应根据所检验的精度要求设计专用量具，如卡规、样柱等极限量规，以及各种专用检验仪器和检验夹具。

表 2-7 常用刀具材料的特性

种 类	牌 号	硬 度	维持切削性能的最高温度/℃	抗弯强度/GPa	工艺性能	用 途
碳素工具钢	T8A T10A T12A	60～64HRC	～200	2.45～2.75	可冷热加工成形,工艺性能良好,磨削性好,须热处理	只用于手动刀具,如手动丝锥、板牙、铰刀、锯条、锉刀等
合金工具钢	9CrSi CrWMn	60～65HRC	250～300	2.45～2.75		只用于手动或低速机动刀具,如丝锥、板牙、拉刀等
高速钢	W18Cr4V W6Mo5Cr4V2 W6Mo5Cr4V2Al W6Mo5Cr4V2Co8 W6Mo5Cr4V3Al	62～70HRC	540～600	2.45～4.41	可冷热加工成形,工艺性能良好,须热处理,磨削性好,但钒类较差	用于各种刀具,特别是形状较复杂的刀具,如钻头、铣刀、拉刀、齿轮刀具、丝锥、板牙、刨刀等
硬质合金	YG3,YG6,YG8 YT5,YT15,YT30 YW1,YW2	89～94HRA	800～1000	0.88～2.45	压制烧结后使用,不能冷热加工,多镶片使用,无须热处理	车刀刀头大部分采用硬质合金,钻头、铣刀、滚刀、丝锥等可镶刀片使用
陶 瓷		91～94HRA	＞1200	0.441～0.833		多用于车刀,性脆,适用于连续切削
立方氧化硼		7300～9000HV			压制烧结而成,可用金刚石砂轮磨削	用于硬度、强度较高材料的精加工
金刚石		10000HV			用天然金刚石砂轮刃磨极困难	用于非铁金属的高精度、小表面粗糙度切削

在选择工艺装备时,既要考虑适应性又要注意新技术的应用。当需要设计专用刀具、量具或夹具时,应提出设计任务书。

2.1.3.6 机械加工工序设计

(1) 确定加工余量。毛坯余量(总余量)已在画毛坯图时确定,这里主要是确定工序余量。

合理选择加工余量对零件的加工质量和整个工艺过程的经济性都有很大影响。余量过大,则浪费材料及工时,增加机床和刀具的消耗;余量过小,则不能去掉加工前存在的误差和缺陷层,影响加工质量,造成废品。故应在保证加工质量的前提下尽量减少加工余量。

工序余量一般可用计算法、查表法或经验估计法三种方式来确定。可参阅有关机械加工工艺手册用查表法和计算法按工艺路线的安排,逐工序、逐表面地加以确定。

(2) 确定工序尺寸及其公差。计算各个工序加工时所应达到的工序尺寸及其公差是工序设计的主要工作之一。工序尺寸及其公差的确定与工序余量的大小、工序尺寸的标注方法、基准选择、中间工序安排等密切相关,就其性质和特点而言,一般可以归纳为以下两大类:

1) 当定位基准(或工序基准)与设计基准重合时(如单纯孔与外圆表面的加工,单一平面加工等),某表面本身各次加工工序尺寸的计算。对于这类问题,当决定了各工序间余量和工序所能达到的加工精度后,就可以计算各工序的尺寸和公差。计算的顺序是从最后一道工序开始,由后向前推算。即将工序余量一层层地叠加在被加工表面上,可以清楚地看出每道工序的工序尺寸,再将每种加工方法的经济加工精度公差按"入体"原则标注在对应的工序尺寸上。例如,某一加工表面为 $\phi100H6$ 孔,Ra 为 $0.4\ \mu m$,其加工方案为粗镗—精镗—粗磨—精磨,可画出如图 2-4 所示的简图。

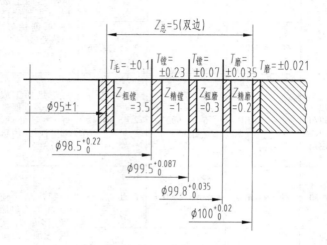

图 2-4   基准重合下工序尺寸与公差的确定

由机械加工工艺手册可查出各工序的加工余量和所能达到的经济精度,毛坯的公差,也可根据毛坯的生产类型、结构特点、制造方式和具体生产条件,参照手册确定。

2)基准不重合时工序尺寸的计算。在零件的加工过程中,为了加工和检验方便可靠或由于零件表面的多次加工等原因,往往不能直接采用设计基准为定位基准,形状较复杂的零件在加工过程中需要多次转换定位基准。这时工序尺寸的计算就比较复杂,应利用尺寸链原理来进行分析和计算,并对工序间余量进行必要的验算,以确定工序尺寸及其公差。

(3)确定切削用量。确定切削用量时,应在机床、刀具、加工余量等确定以后,综合考虑工序的具体内容、加工精度、生产率、刀具寿命等因素。

在单件小批量生产中,常不具体规定切削用量,而是由操作工人根据具体情况自行确定,以简化工艺文件。

在大批量生产中,则应科学地、严格地选择切削用量,以充分发挥高效率设备的潜力和作用。

选择切削用量的基本原则是:首先选取尽可能大的背吃刀量(即切削深度)a_p;其次要根据机床动力和刚性限制条件或已加工表面粗糙度的规定等,选取尽可能大的进给量 f;最后利用切削用量手册选取或用公式计算确定最佳切削速度 v。下面介绍常用加工方法切削用量的一般选择方法:

1)车削用量的选择:

① 切削深度。粗加工时,应尽可能一次切去全部加工余量,即选择切深值等于余量值。当余量太大时,应考虑工艺系统刚度和机床的有效功率,尽可能选取较大的切深和最少的工作行程数。

半精加工时,如单边余量 $h > 2\ mm$,则应分在两次行程中切除:第一次 $a_p = (2/3 \sim 3/4)h$,第

二次 $a_p = (1/3 \sim 1/4)h$。如 $h \leq 2\ mm$,可一次切除。

精加工时,应在一次行程中切除精加工工序余量。

② 进给量。切削深度选定后,进给量直接决定了切削面积,从而决定了切削力的大小。因此,允许选用的最大进给量受下列因素限制:

　　　机床的有效功率和转矩;

　　　机床进给机构传动链的强度;

　　　工件的刚度;

　　　刀具的强度与刚度;

　　　图样规定的加工表面粗糙度。

生产实际中多利用金属切削用量手册采用查表法确定合理的进给量。

③ 切削速度。在背吃刀量和进给量选定后,切削速度的选定是否合理,对切削效率和加工成本影响很大。一般方法是根据合理的刀具寿命计算或查表选定 v 值。

精加工时,应选取尽可能高的切削速度,以保证加工精度和表面质量,同时满足生产率的要求。

粗加工时,切削速度的选择,应考虑以下几点:

硬质合金车刀切削热轧中碳钢的平均切削速度为 $1.67\ m/s$,切削灰铸铁的平均切削速度为 $1.17\ m/s$,两者平均刀具寿命为 $3600 \sim 5400\ s$;

切削合金钢比切削中碳钢切削速度要降低 $20\% \sim 30\%$;

切削调质状态的钢件或切削正火、退火状态的钢料切削速度要降低 $20\% \sim 30\%$;

切削有色金属比切削中碳钢的切削速度可提高 $100\% \sim 300\%$。

2) 铣削用量的选择:

① 铣削吃刀量。根据加工余量来确定铣削吃刀量。

粗铣时,为提高铣削效率,一般选铣削吃刀量等于加工余量。一个工作行程铣完。

而半精铣及精铣时,加工要求较高,通常分两次铣削,半精铣时,吃刀量一般为 $0.5 \sim 2\ mm$;精铣时,铣削吃刀量一般为 $0.1 \sim 1\ mm$ 或更小。

② 每齿进给量。可由切削用量手册的表格中查出,其中推荐值均有一个范围。精铣或铣刀直径较小、铣削吃刀量较大时,用其中较小值。大值常用于粗铣。加工铸铁件时,用其中较大值,加工钢件时用较小值。

③ 铣削速度。铣削吃刀量和每齿进给量确定后,可适当选择较高的切削速度以提高生产率。

选择时,按公式计算或查切削用量手册,对大平面铣削也可参照国内外的先进经验,采用密齿铣刀、选大进给量、高速铣削,以提高效率和加工质量。

3) 刨削用量的选择:

① 刨削吃刀量。刨削吃刀量的确定方法和车削基本相同。

② 进给量。刨削进给量可按有关手册中车削进给量推荐值选用。粗刨平面根据切削深度和刀杆截面尺寸按粗车外圆选其较大值;精加工时按半精车、精车外圆选取;刨槽和切断按车槽和切断进给量选择。

③ 刨削速度。在实际刨削加工中,通常是根据实践经验选定切削速度。若选择不当,不仅生产率低,还会造成人力和动力的浪费。

刨削速度也可按车削速度公式计算,只不过考虑到冲击载荷,除了如同车削时要考虑的诸项因素外,还要引入修正系数 $k_{冲}$(参阅有关手册)。

4）钻削用量的选择。钻削用量的选择包括确定钻头直径 D、进给量 f 和切削速度 v（或主转转速 n）。应尽可能选大直径钻头，选大的进给量，再根据钻头的寿命选取合适的钻削速度，以取得高的钻削效率。

① 钻头直径。钻头直径 D 由工艺尺寸要求确定，尽可能一次钻出所要求的孔。当机床性能不能胜任时，才采取先钻孔，再扩孔的工艺。这时钻头直径取加工尺寸的 $(0.5 \sim 0.7)$ 倍。

孔用麻花钻直径可参阅 JB/Z228—85 选取。

② 进给量。进给量 f 主要受到钻削吃刀量、机床进给机构和动力的限制，有时也受工艺系统刚度的限制。

标准麻花钻的进给量可查表选取。

采用先进钻头能有效地减小轴向力，往往能使进给量成倍提高。因此，进给量还必须根据实践经验和具体条件分析确定。

③ 钻削速度。钻削速度通常根据钻头寿命按经验选取。

（4）估算工时定额。目前主要是按经过生产实践验证而积累起来的统计资料来确定（参阅有关手册），随着工艺过程的不断改进，也需要相应地修订工时定额。

对于流水线和自动线，由于有规定的切削用量，工时定额可以部分通过计算，部分应用统计资料得出。

在计算出每一工序的单件时间后，还必须对各个工序的单件计算时间进行平衡，以最大限度地发挥各台机床的生产效率，达到较高的生产率，保证完成生产任务。

具体方法是首先计算出零件的年生产纲领所要求的单件时间 T_d

$$T_d = 60T\eta/N \quad (\text{min})$$

式中　T——年基本工时，h/年；

　　　N——零件的年生产纲领，件/年；

　　　η——设备负荷率，一般取 $0.75 \sim 0.85$。

将每个工序的单件计算时间 T_c 与 T_d 进行比较。对于 T_c 大于 T_d 的工序，可通过下列方法缩短 T_c，以达到平衡工序单件时间的目的。

若 T_c 大于 T_d 在一倍以内，可采用改用先进刀具、适当提高切削用量、采用高效加工方法缩短工作行程等措施，来缩短 T_c。

若 T_c 大于 T_d 二倍以上，则可采用增加顺序加工工序或增加平行加工工序的方法来成倍地提高生产率，缩短 T_c。

对于 T_c 小于 T_d 的工序，因其生产率较高，则可采用一般的通用机床及工艺装备，来降低成本。

2.1.3.7　技术经济分析

制订工艺规程时，在同样满足被加工零件的加工精度和表面质量的要求时，通常可以有几种不同的工艺路线，其中有的方案可具有很高的生产率，但设备和工夹具方面的投资较大，另一些方案则可能节省投资，但生产率较低。因此，不同的工艺路线就有不同的经济效果。为了选取在给定的生产条件下最经济合理的方案，应对已拟订的至少两个工艺路线进行技术经济分析和评比。

2.1.3.8　填写工艺文件

工艺规程制订后，要以表格或卡片的形式确定下来，以便指导工人操作和用于生产、工艺管理。

机械加工工艺规程卡片的种类很多，如机械加工工艺过程卡片、机械加工工序卡片等。在单件小批量生产中,一般只填写简单的工艺过程卡片;在大批量生产中,每个零件的每个工序还都要有工序卡片;成批生产中只要求主要零件的每个工序有工序卡片,而一般零件仅是关键工序有工序卡片。

机械加工工艺过程卡片和机械加工工序卡片应按照 JB/T9165.2—1998 中规定的格式及原则填写。

2.1.3.9 审核

在完成制订机械加工工艺规程各步骤后,应对整个工艺规程进行一次全面的审核。首先应按各项内容审核设计的正确性和合理性,如基准的选择、加工方法的选择是否正确、合理,加工余量、切削用量等工艺参数是否合理,工序图等图样是否完整、准确等。此外,还应审查工艺文件是否完整、全面,工艺文件中各项内容是否符合相应各种标准的规定。

2.2 专用夹具设计

2.2.1 设计夹具的基本要求

(1)设计夹具必须满足工艺要求,结构性能可靠,使用省力安全,操作方便,有利于实现优质、高产、低耗,改善劳动条件,提高标准化、通用化、系列化水平。

(2)要深入现场,联系实际,确定设计方案时,应征求教师意见,经审批后进行设计。

(3)具有良好的结构工艺性,即所设计的夹具应便于制造、检验、装配、调整、维修,且便于切屑的清理、排除。

(4)夹具设计必须保证图样清晰、完整、正确、统一。

(5)对精密、重大、特殊的夹具应附有使用说明书和设计计算书。

2.2.2 设计夹具的依据

(1)工装设计任务书。

(2)工件的工艺规程。

(3)产品的图纸和技术要求等。

(4)有关国家标准、行业标准和企业标准。

(5)国内外典型工装图样和有关资料。

(6)工厂设备清单。

(7)生产技术条件。

2.2.3 设计夹具的程序与内容

在实际生产中,夹具设计的程序如图 2-5 所示。

2.2.3.1 明确设计任务

接到夹具设计任务书后,应认真进行分析、研究,若有不妥之处,可提出修改意见,经审批后方可修改。

2.2.3.2 熟悉被加工件的图样

(1)弄清楚被加工件在产品中的作用、结构特点、主要加工表面和技术要求。

(2)了解被加工件的材料、毛坯种类、特点、重量和外形尺寸等。

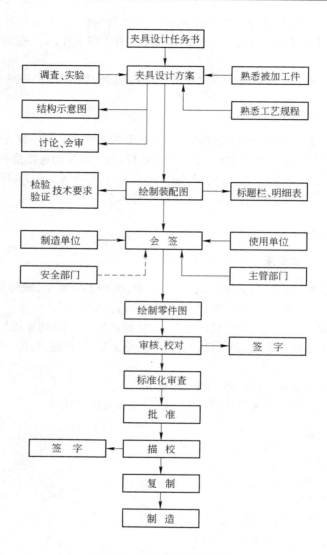

图 2-5　夹具设计程序框图

2.2.3.3　分析被加工件的工艺规程

（1）熟悉被加工件的工艺路线，了解有关工艺参数和工件在本工序以前的加工情况。

（2）熟悉在该工序加工中所使用的机床、刀具、量具及辅具的型号、规格、主要参数、机床与夹具连接部分的结构和尺寸。

（3）了解被加工件的热处理情况。

2.2.3.4　核对夹具设计任务书

根据上述工作，认真核对设计任务书，确保其准确无误。

2.2.3.5　收集资料，深入调研

收集有关资料，还可进行必需的工艺实验；征求有关人员意见，进行现场调研。尽量使所设计的夹具结构完善、合理。

2.2.3.6 确定夹具设计方案,绘制结构示意图

(1) 根据工件的加工要求和基准的选择,确定工件的定位方式及定位元件的结构。

(2) 按照夹紧的基本原则,确定工件的夹紧方式,夹紧力的方向和作用点的位置,选择合适的夹紧机构。

(3) 确定刀具的对刀、导向方式,选择对刀、导向元件。

(4) 确定其他元件或装置的结构形式,如连接件、分度装置等。

(5) 协调各装置、元件的布局,确定夹具体结构尺寸和夹具的总体结构,必要时,对夹具体几何尺寸进行必要的刚度、强度验算。

(6) 对于复杂的夹具可先绘制尺寸图和刀具布置图。

(7) 对夹具的轮廓尺寸、总重量、承载能力以及设备规格进行校核。

(8) 对几种可行的设计方案进行全面分析对比,最终确定出合理的设计方案。

夹具的设计方案确定后,便可绘制夹具结构示意图,下面以图2-6所示连杆铣槽工序的夹具设计为例,说明其大致步骤。

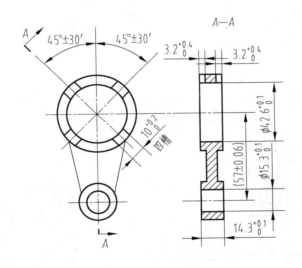

图 2-6 连杆铣槽工序图

(1) 用双点划线,尽量按1:1的比例绘出工件的三面投影图(只需绘出外形轮廓和与定位、夹紧有关的部分,其他细节可略去)。用双点划线(假想线)绘制的用意是将工件视为透明体,不遮挡夹具部分的任何线条。

(2) 根据预定的定位方案,围绕工件依次画出定位元件,见图2-7a。

(3) 根据夹具设计总体方案中确定的夹紧机构方案,参照有关资料,按所需夹紧力的大小,决定夹紧机构的尺寸及具体结构,画在示意图上,注意夹紧机构应处于"夹紧"的位置上,见图2-7b。

(4) 绘制导向元件及其他元件,见图2-8的对刀块等。

(5) 绘制夹具体:把各部分连接起来,形成一个有机的整体,见图2-8。

(6) 最后画出定位键等其他元件,标注上主要尺寸公差和技术要求,即完成了连杆铣槽工序夹具的结构示意图,见图2-8。

夹具结构示意图画好后,应对夹具的精度进行分析计算,校核制订的夹具公差和技术要求能否满足工件工序尺寸公差和技术要求。具体分析计算详见第3章。

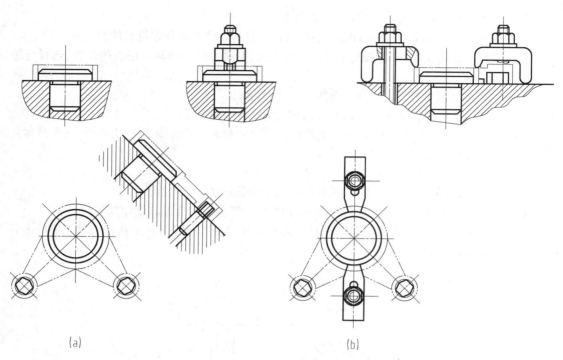

图 2-7　连杆铣槽夹具设计示意图之一

（a）定位结构；（b）夹紧结构

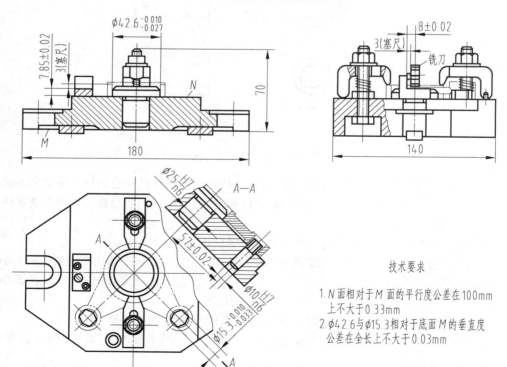

技术要求

1. N 面相对于 M 面的平行度公差在100mm
上不大于0.33mm
2. ϕ42.6与ϕ15.3相对于底面 M 的垂直度
公差在全长上不大于0.03mm

图 2-8　连杆铣槽夹具设计示意图之二

根据经过讨论、审订、修改而定稿的夹具结构示意图，便可绘制正式的装配图，并拆绘零件图。

2.2.3.7 绘制装配图

（1）夹具图样应符合标准规定。夹具图应符合相关各标准的规定，在装配图上应具有下列内容：

绘出工件的外形轮廓、定位、夹紧部位及加工部位和余量；

注明定位面（点）、夹紧面（点），主要活动件的装配尺寸、配合代号以及外形（长、宽、高）尺寸；

注明工件在夹具中的相关尺寸和主要参数，以及夹具总重等；

需要时应绘出夹紧、装卸活动部位的轨迹；

标明夹具总装检验尺寸和验证技术要求；

有关制造、使用、调整、维修等方面的特殊要求和说明；

夹具零件号；

标题栏和零件明细表。

（2）绘制夹具总图的步骤及要求：

1）选定比例。为使所绘制的夹具总图有良好的直观性，比例应尽量取1:1。对于较大或较小的夹具，可适当缩小或放大比例。

2）合理地选择和布置视图。夹具总图在清楚表达夹具工作原理和结构的前提下，视图应尽可能小。主视图一般应选取最能清楚表达夹具主要部位的视图，并取操作者实际工作正对的位置。

3）画出工件轮廓图。同画结构示意图一样，用双点划线（假想线）画出工件轮廓图。

4）画出整个夹具结构：

依据工序卡或设计任务书中的定位简图，参照结构示意图中确定的定位元件结构，画出有关定位元件；

按结构示意图中确定的夹紧装置的具体结构和尺寸，画出夹紧装置；

依据工序卡或设计任务书中的定位简图和结构示意图，画出刀具的导向装置；

参照结构示意图和有关设计资料，确定并画出夹具体及其他零件。

5）检查图面。完成以上工作后，应检查图面是否已把结构表达清楚，即夹具上的每个零件是否都能在装配图上表示出来，与其他零部件的装配关系是否表达明白。同时，还应从机械制图的角度检查是否有漏画、错画和不符合制图标准规定的地方并及时修正过来。

6）标注夹具尺寸、公差和技术要求。夹具装配图应标注的尺寸、公差和技术要求以及各类机床夹具公差和技术要求制订的依据和具体方法，见第3章。

7）顺序标注夹具零件号。

8）填写标题栏和零件明细表。

9）画完夹具总图，应自行复查一遍，检查有无考虑不周的地方。然后，由制造单位、使用单位同设计者进行审核、会签。

2.2.3.8 绘制零件图

根据已绘制的装配图，就可绘制全部零件图。具体要求如下：

（1）零件图的投影应尽量与总图上的投影位置相符合，便于读图和核对。

（2）尺寸标注应完善、清楚，既便于读图，又便于加工。

（3）应将该零件的形状、尺寸、相互位置精度、表面粗糙度、材料、热处理及表面处理要求等都清楚地表示出来。

　　（4）同一工种加工表面的尺寸应尽量集中标注。

　　（5）对于可在装配后用组合加工来保证的尺寸，应在其尺寸数值后注明"按总图"字样。如钻套之间、定位销之间的尺寸等。

　　（6）要注意选择设计基准和工艺基准。

　　（7）某些要求不高的形位公差可由加工方法自行保证，可不标注。

　　（8）为满足加工要求，尺寸应尽量按加工顺序标注，以免进行尺寸换算。

2.2.3.9　图样审核

　　夹具装配图和零件图绘制完毕后，为使夹具能够满足使用功能要求，同时又具有良好的装配工艺性和加工工艺性，应对图样进行必要的审核。

　　下面指出几个在夹具结构设计中带有共性的问题，在审核图纸时应特别注意。

　　（1）夹具的结构应合理。所设计的夹具应具有合理的结构，否则会影响工作，甚至不能工作。

　　如图 2-9a 所示夹具结构，由于圆柱形工件用 V 形块定位并用双向正反螺杆定心夹紧机构夹紧，因而出现了过定位。在实际工作时，有可能一个压板压不到工件，就降低了可靠性，该夹具在结构上是不合理的。图 2-9b 是改进后的结构。由于去掉了螺杆的轴向叉形限位件，使螺杆成为浮动元件，轴向不定位，因而消除了过定位，保证了夹紧的可靠性。

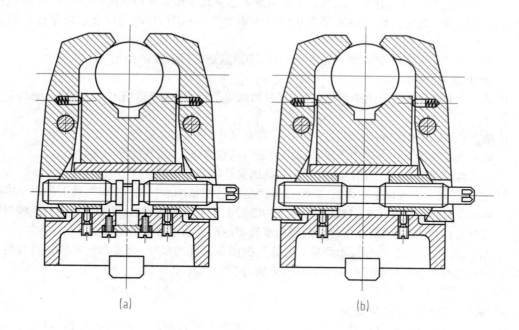

（a）　　　　　　　　　　　　　　　　　（b）

图 2-9　夹具结构合理性分析
(a) 不合理；(b) 合理

　　（2）夹具结构要稳定可靠，有足够的强度和刚度。应根据夹具结构的具体形状确定增加刚度的措施。如铸件可选用合理的截面形状及增加加强筋；焊接件加焊接加强筋或在结合面上加紧固螺钉；锻件可适当增加截面尺寸。

　　（3）夹具的受力应合理。夹具的受力部分应直接由夹具体承受，避免通过紧固螺钉受力。

夹紧装置的设计,应尽量使夹紧力在夹具体一个构件上得到平衡。

（4）夹具结构应具有良好的工艺性。

（5）正确设计退刀槽及倒角。

（6）注意材料及热处理方法的合理选择。

（7）夹具结构应具有良好的装配工艺性。

（8）夹具结构应充分考虑测量与检验问题。

（9）夹具的易损件应便于更换和维修。

2.2.3.10 编写使用说明书和设计计算书

在精密、重大、特殊的夹具设计完成后,应整理出使用说明书和设计计算书,其主要内容是:

（1）有关夹具操作过程说明及注意事项。

（2）有关夹具调整、维修、保养的要求和说明。

（3）有关设计计算过程,包括几何关系的尺寸换算及误差计算,对工件工序尺寸公差的误差分析,特殊结构中力的分析和计算,以及必要的强度校核等。

要求计算过程及结果准确无误,文字叙述有条理,语言通顺简练,文图清晰、工整。

2.2.3.11 标准化审查

（1）图纸的幅面、格式是否符合有关标准的规定。

（2）图纸中所用的术语、符号、代号和计量单位是否符合相应的标准规定,文字是否规范。

（3）标题栏、明细栏的填写是否符合标准。

（4）图样的绘制和尺寸标注是否符合机械制图国家标准的规定。

（5）有关尺寸、尺寸公差、形位公差和表面粗糙度是否符合相应标准。

（6）选用的零件结构要素是否符合有关标准。

（7）选用的材料、标准件是否符合有关标准。

（8）是否正确选用了标准件、通用件和借用件。

2.2.4 夹具设计中易出现的错误

由于学生是第一次独立进行夹具的设计,因而常会出现一些结构设计方面的错误,现将它们以正误对照的形式列于表 2-8 中,以资借鉴。

表 2-8 夹具设计中易出现的错误示例

项目	正 误 对 比		简要说明
	错误或不好的设计	正确或好的设计	
定位销在夹具体上的定位与连接			1. 定位销本身位置误差太大,因为螺纹不起定心作用 2. 带螺纹的销应有旋紧用的扳手孔或扳手平面

项目	正 误 对 比		简要说明
	错误或不好的设计	正确或好的设计	
螺纹连接	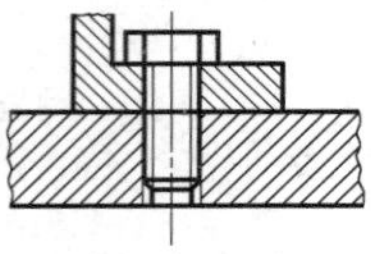	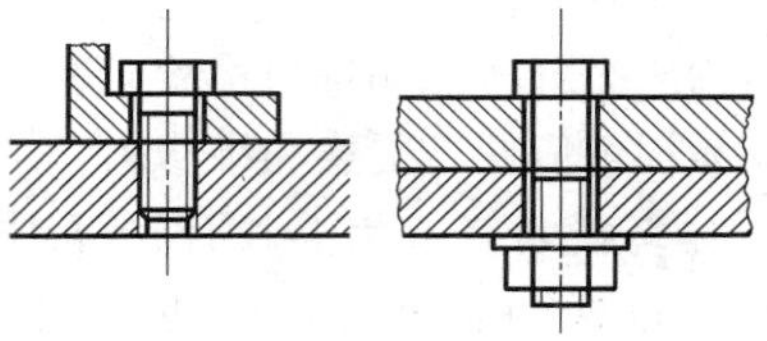	被连接件应为光孔。若两者都有螺纹,将无法拧紧
可调支承	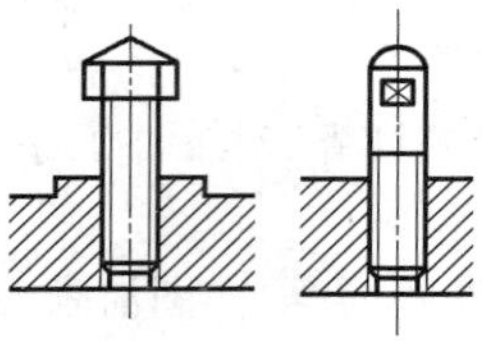	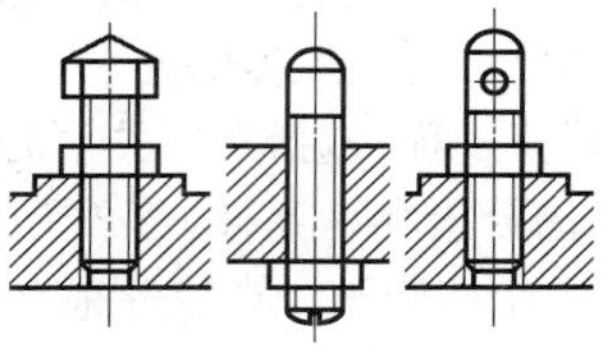	1. 应有锁紧螺母 2. 应有扳手孔(面)或一字槽(十字槽)
工件安放	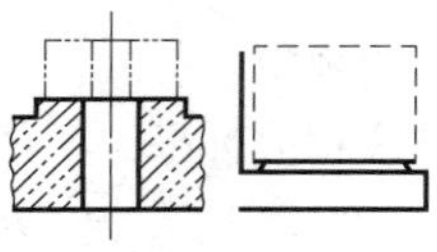	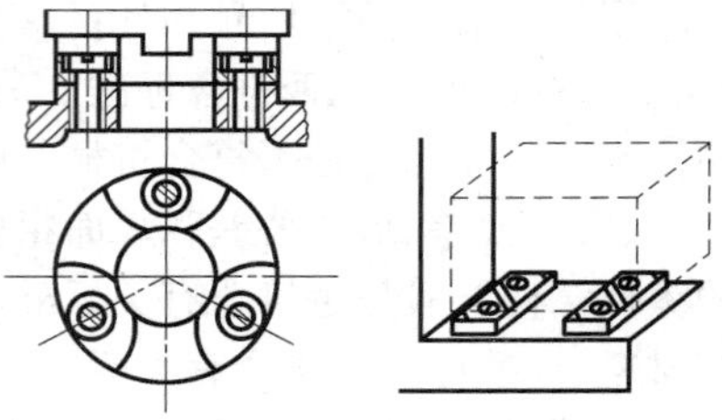	工件最好不要直接与夹具体接触,应加放支承板、支承垫圈等
机构自由度	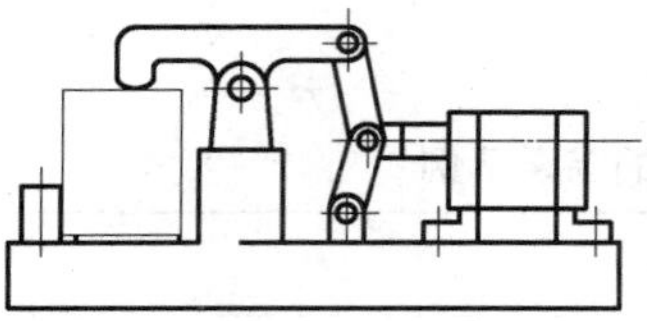	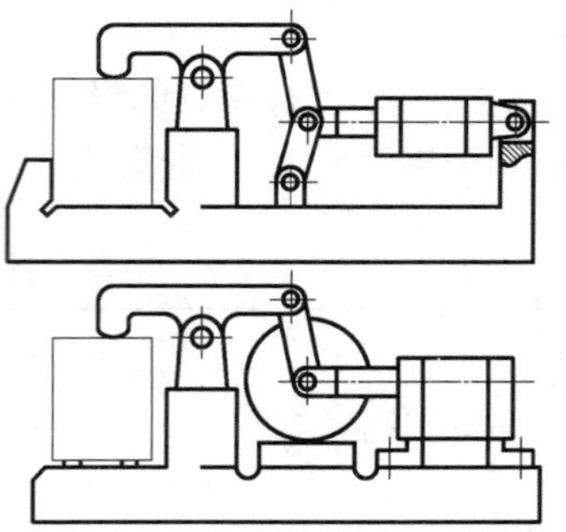	夹紧机构运动时不得发生干涉,应验算其自由度 $F \neq 0$ 如左图: $F = 3 \times 4 - 2 \times 6 = 0$ 右上图: $F = 3 \times 5 - 2 \times 7 = 1$ 右下图: $F = 3 \times 3 - 2 \times 4 = 1$
考虑极限状态不卡死	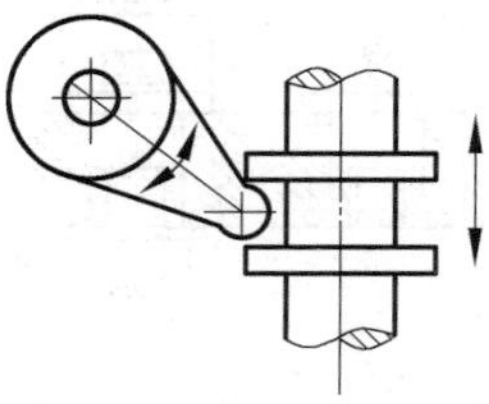	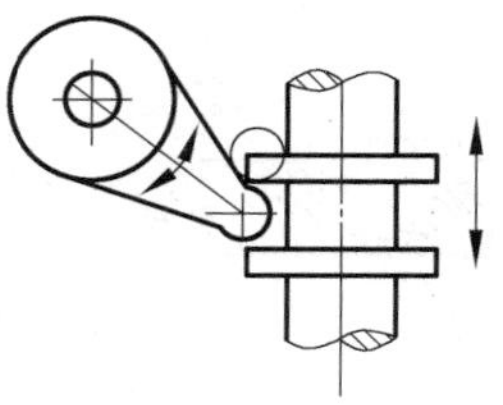	摆动零件动作过程中不应卡死,应检查极限位置

项目	正 误 对 比		简要说明
	错误或不好的设计	正确或好的设计	
联动机构的运动补偿			联动机构应操作灵活省力,不应发生干涉,可采用槽、长圆孔、高副等作为补偿环节
摆动压块			压杆应能装入,且当压杆上升时摆动压块不得脱落
可移动心轴			手轮转动时应保证心轴只移不转
移动V形架			1. V形架移动副应便于制造、调整和维修 2. 与夹具体之间应避免大平面接触
耳孔方向			耳孔方向(即机床工作台T形槽方向)应与夹具在机床上安放及刀具(机床主轴)之间协调一致,不应相互矛盾
加强肋的设置			加强肋应尽量放在使之承受压应力的方向

项目	正误对比		简要说明
	错误或不好的设计	正确或好的设计	
铸造结构			夹具体铸件应壁厚均匀
使用球面垫圈			螺杆与压板有可能倾斜受力时,应采用球面垫圈,免得螺纹产生附加弯曲应力而遭破坏
菱形销安装方向			菱形销长轴应处于两孔连心线垂直方向上

3 机床夹具公差和技术要求的制订

3.1 制订夹具公差和技术要求的主要依据和基本原则

3.1.1 主要依据

在确保工件加工精度的前提下,如何正确合理地制订夹具的公差和技术要求,是设计夹具时必须解决的主要问题。其依据有以下几个方面:

(1)产品图样。在一般情况下,被加工工件的尺寸、公差和技术要求都标注在零件图或工序图上。当零件图不能把零件的性能作用表示清楚,或装配后还需要进行加工时,则需要参考它的装配图,即参考装配要求的尺寸、公差和技术要求。

(2)工艺规程。工艺过程中,对工件每一道工序的加工尺寸、公差和技术要求等,都作了明确规定和详细说明,这时夹具的公差,就应该根据工艺规程中(要设计夹具的工序)具体规定的尺寸公差来制订夹具的相应的尺寸、公差,以确保工序要求。

(3)设计任务书。在设计任务书中,不仅提供了工件的定位、夹紧和夹具结构等一般设计要求,而且对设计中的一些特殊问题,也作了说明。这对合理地制订夹具公差和技术要求有很大指导作用。

3.1.2 基本原则

制订夹具公差和技术要求时,应遵循以下原则。

(1)在机械加工中,由于各种误差因素的影响,使被加工工件产生一定的误差。为保证工件的加工精度,在制订夹具的公差和技术要求时,应使夹具制造误差的总和不超过工件相应公差的 $1/5 \sim 1/3$。否则应进行工序误差的分析计算,使其满足误差计算不等式。

(2)为增加夹具使用的可靠性,延长夹具的使用寿命,必须考虑夹具使用中的磨损补偿问题。因此,应根据工厂的现有设备条件和制造夹具的技术水平,在不增加制造困难的前提下,应尽量地把夹具的公差订得小一些。

(3)在夹具制造中,为了提高夹具的制造精度、减少加工的困难,可采用调整法、修配法、装配后加工、就地加工等方法。此时,允许夹具各组成元件的制造公差适当放宽要求。

(4)夹具中的尺寸、公差和技术要求应表示清楚,不要相互矛盾和重复。凡注有公差要求的部位,必须有相应的检验基准。

(5)夹具中对于精度要求较高的定位元件,应用较好的材料制造,以保持精度。其淬火硬度一般不低于50HRC。

(6)夹具设计中不论工件尺寸公差是单向还是双向分布,都应改为平均尺寸作为基本尺寸和双向对称分布的公差。这个改后的平均尺寸,就作为夹具上相应的基本尺寸,然后根据工件要求,规定夹具的制造公差。

如图 3-1 所示,工件两孔中心距尺寸为 $250^{+0.1}_{0}$ mm,设计夹具时,如简单地将夹具的尺寸公差标注为 250 ± 0.015 mm,这就错了,因为这时的夹具孔距最小极限尺寸为 249.985 mm,已超出工件的公差范围。正确地标注,应按上述方法,将工件的尺寸公差,首先改为 250.05 ± 0.05 mm,这个平均尺寸 250.05 mm 就是夹具的基本尺寸,然后取这个对称分布公差(± 0.05 mm)的 1/3 作为夹具的制造公差,即为 ± 0.015 mm。这样才能满足工件加工尺寸公差的要求。

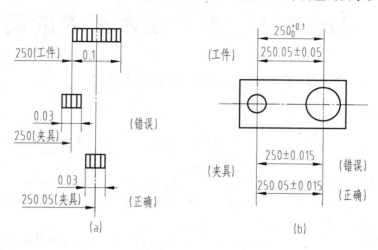

图 3-1　夹具尺寸公差的标注正误图

(a)尺寸分布图;(b)工件夹具尺寸标注示意图

3.2　夹具各组成元件间的相互位置精度和相关尺寸公差的制订

一般夹具公差可分为与工件加工尺寸直接有关的和与工件加工尺寸无直接关系的两类。

3.2.1　直接与工件的工序尺寸公差和技术要求有关的夹具尺寸公差和技术要求

这一类公差可直接由工件的尺寸公差和技术要求,来制订夹具相应的尺寸公差和技术要求。例如,夹具定位元件之间(如平面双孔定位时,两定位销间的中心距),导向、对刀元件之间(如孔系加工时,钻、镗套间的中心距),以及导向、对刀元件与定位元件之间(如对刀块工作面至定位面间的距离)等有关的尺寸公差和位置公差。这类夹具公差是与工件的加工精度密切相关的,因此,必须按工件的工序尺寸公差确定。

由于误差的分析计算还很不完善,因此在制订这类夹具公差时,不能都采用分析计算法,而多数仍沿用经验公式来确定,即一般取夹具的公差为工件相应工序尺寸公差的 1/5 ~ 1/2。在具体选取时,则必须结合工件的加工精度要求、批量大小以及工厂在制造夹具方面的生产技术水平等因素,进行细致分析和全面考虑。通常有下列规律可循。

(1)当工件的加工精度要求较高时,若夹具公差取得过小,将造成夹具难以制造,甚至无法制造。这时则可使夹具公差所占比例略大些。反之,工件加工精度要求较低时,夹具公差所占比例则可适当取小些。

(2)当工件的生产批量大时,为了保证夹具的使用寿命,这时夹具公差宜取小些,以增大夹具的磨损公差;而当工件的生产批量小时,此时夹具使用寿命问题并不突出,但为了便于制造,故夹具公差可取得大些。

(3)若工厂制造夹具的技术水平较高,则夹具公差可取小些。

表 3-1 列出了各类机床夹具公差与工件相应公差的比例关系,按此比例可选取夹具公差。

表 3-2 和表 3-3 分别列出了按工件相应尺寸公差和角度公差选取夹具公差的参考数据。

夹具各组成元件间的相互位置精度一般考虑以下几方面的要求：

（1）定位面间或定位面与夹具的安装基面（即夹具的底面、定位键的工作侧面和找正基面等）之间的平行度或垂直度等要求。

（2）定位面本身的形位公差（如直线度、平面度和位置度）等要求。

表 3-1　按工件公差选取夹具公差

夹具类型	工件工序尺寸公差 /mm				
	0.03～0.10	0.10～0.20	0.20～0.30	0.30～0.50	自由尺寸
车床夹具	$\frac{1}{4}$	$\frac{1}{4}$	$\frac{1}{5}$	$\frac{1}{5}$	$\frac{1}{5}$
钻床夹具	$\frac{1}{3}$	$\frac{1}{4}$	$\frac{1}{4}$	$\frac{1}{5}$	$\frac{1}{5}$
镗床夹具	$\frac{1}{3}$	$\frac{1}{3}$	$\frac{1}{4}$	$\frac{1}{4}$	$\frac{1}{5}$

表 3-2　按工件直线尺寸公差确定夹具相应尺寸公差的参考数据　　　　mm

工件尺寸公差		夹具尺寸公差	工件尺寸公差		夹具尺寸公差
由	至		由	至	
0.008	0.01	0.005	0.20	0.24	0.08
0.01	0.02	0.006	0.24	0.28	0.09
0.02	0.03	0.010	0.28	0.34	0.10
0.03	0.05	0.015	0.34	0.45	0.15
0.05	0.06	0.025	0.45	0.65	0.20
0.06	0.07	0.030	0.65	0.90	0.30
0.07	0.08	0.035	0.90	1.30	0.40
0.08	0.09	0.040	1.30	1.50	0.50
0.09	0.10	0.045	1.50	1.60	0.60
0.10	0.12	0.050	1.60	2.00	0.70
0.12	0.16	0.060	2.00	2.50	0.80
0.16	0.20	0.070	2.50	3.00	1.00

表 3-3　按工件角度公差确定夹具相应角度公差的参考数据

工件角度公差		夹具角度公差	工件角度公差		夹具角度公差
由	至		由	至	
0°00′50″	0°01′30″	0°00′30″	0°20′	0°25′	0°10′
0°01′30″	0°20′30″	0°01′00″	0°25′	0°35′	0°12′
0°02′30″	0°03′30″	0°01′30″	0°35′	0°50′	0°15′
0°03′30″	0°04′30″	0°02′00″	0°50′	1°00′	0°20′
0°04′30″	0°06′00″	0°02′30″	1°00′	1°30′	0°30′
0°06′00″	0°08′00″	0°03′00″	1°30′	2°00′	0°40′
0°08′00″	0°10′00″	0°04′00″	2°00′	3°00′	1°00′
0°10′00″	0°15′00″	0°05′00″	3°00′	4°00′	1°20′
0°15′00″	0°20′00″	0°08′00″	4°00′	5°00′	1°40′

如图 3-2 所示,铣削工件的上平面 A 时,要求保证尺寸 H 及 A 面对 B 面的平行度。此时,夹具用支承板作定位元件与工件的定位基面 B 相接触,为了满足加工要求,显然两支承板间必须有平面度要求,同时支承板的工作面(即定位面)必须对夹具安装基面有一定的平行度要求,否则就不能满足工件的加工要求。对夹具的这一平行度要求,应按工件相应平行度要求的 1/5 ~ 1/2 来选取。

再如图 3-3 所示,在镗模上镗削车床尾座孔时,工件以其底面上的 V 形导轨面和平导轨面为定位基准,在镗模相应的定位表面上定位。为保证镗孔位置的正确,即保证被加工孔的中心线与 V 形导轨平行。因此,夹具上的 V 形定位元件的对称中心线,必须与镗模上的找正基面 A 保持平行关系,否则不能满足工件的加工要求。

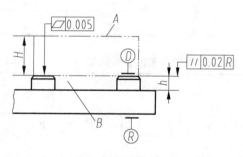

图 3-2　定位表面之间、定位表面与
夹具安装基面间的技术要求

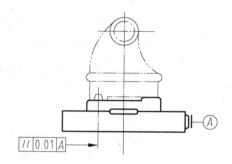

图 3-3　定位表面与找正基面
间的相互位置要求

（3）导向元件间、导向元件与定位面或夹具安装基面间的同轴度、平行度或垂直度要求,见图 3-4。加工孔 ϕd,要求钻孔中心线与其定位基准面垂直。为此,必须保证定位表面与夹具底面 B 间的平行度要求;钻套中心对夹具底面 B(或定位表面 A)的垂直度要求。钻模只有保证了上述这两项技术要求,才能满足工件所要求的垂直度。

（4）对刀块工作面至定位面的距离公差。图 3-5 为在轴上铣削键槽的对刀装置和定位简图。加工要求保证键槽对轴中心线对称。为此,工件定位用的 V 形块的轴线,必须对夹具两定位键的工作侧面规定平行度要求(图中未示出)。

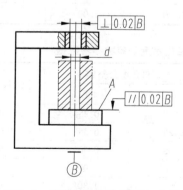

图 3-4　导向元件和定位面与夹具
安装基面间的相互位置要求

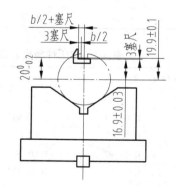

图 3-5　对刀块工作表面到定位
表面间距离的制造公差

为便于确定刀具的位置,一般常采用对刀块。如图 3-5 所示,键槽加工尺寸为 $20_{-0.2}^{\ 0}$ mm,此尺寸公差为单向分布,应化为平均尺寸对称公差,即为 19.9 ± 0.1 mm,然后按此尺寸(19.9 mm),

减去塞尺的厚度(3 mm),即 19.9 - 3 = 16.9 mm,作为对刀块工作面到定位面的尺寸,其公差数值应按相应工序尺寸公差的 1/5 ~ 1/2 确定。如取 1/3 则为 1/3 × 0.2 ≈ 0.06,即 ± 0.03 mm,即为图示之尺寸公差 16.9 ± 0.03 mm。

而对刀块垂直工作面到定位面的距离,则应按槽宽 b 的 1/2 来确定,即在该尺寸上再加上塞尺厚度(3 mm),如图示之尺寸 $b/2$ + 塞尺。其公差数值用上述方法确定。

以上这些技术要求,都是为了满足工件的加工要求而提出的。但是,有时为了保证操作正常而安全地进行,也需要规定一些其他技术要求。如有些钻孔工序,被钻孔与其定位基准面间,并无垂直度要求,但为了使钻头能正常工作,不致因别住而折断,这时也在钻模总装图上,规定钻套中心线对钻模底面的垂直度要求(一般 100 mm 内公差为 0.05 mm)等。

凡与工件技术要求有关的夹具技术要求,其公差数值,同样按工件相应技术要求公差的 1/5 ~ 1/2 选取。若工件没有提出具体技术要求时,可参考下列数值选用:

(1)同一平面上的支承钉或支承板的平面度公差为 0.02 mm。

(2)定位面对夹具安装基面的平行度或垂直度在 100 mm 内公差为 0.02 mm。

其他有关数据,在"各类机床夹具的公差和技术要求的制订"中介绍。

3.2.2 与工件工序尺寸无关的夹具公差和技术要求

这类尺寸公差,与工件的尺寸公差无直接关系,多属于夹具内部的结构配合尺寸公差。例如,定位元件与夹具体的配合尺寸公差,夹紧机构上各组成零件间的配合尺寸公差等。这类尺寸公差主要是根据零件在夹具中的功用和装配要求,而直接根据国家标准选取配合种类和公差等级,并根据机构性能要求提出相应的要求等(可参见表 3-4,表 3-5)。

3.3 夹具公差与配合的选择

3.3.1 夹具常用的配合种类和公差等级

夹具的公差与配合,应符合国家标准。机床夹具常用的配合种类和公差等级见表 3-4。

表 3-4 机床夹具常用配合种类和公差等级

配合件的工作形式		精度要求		示例
		一般精度	较高精度	
定位元件与工件定位基面间的配合		$\dfrac{H7}{h6}$、$\dfrac{H7}{g6}$、$\dfrac{H7}{f7}$	$\dfrac{H6}{h5}$、$\dfrac{H6}{g5}$、$\dfrac{H6}{f5}$	定位销与工件定位基准孔的配合
有导向作用,并有相对运动的元件间的配合		$\dfrac{H7}{h6}$、$\dfrac{H7}{g6}$、$\dfrac{H7}{f7}$ $\dfrac{H7}{h6}$、$\dfrac{G7}{h6}$、$\dfrac{F8}{h6}$	$\dfrac{H6}{h5}$、$\dfrac{H6}{g5}$、$\dfrac{H6}{f5}$ $\dfrac{H6}{h5}$、$\dfrac{G6}{h5}$、$\dfrac{F7}{h5}$	移动定位元件、刀具与导套的配合
无导向作用但有相对运动元件间的配合		$\dfrac{H8}{f9}$、$\dfrac{H8}{d9}$	$\dfrac{H8}{f8}$	移动夹具底座与滑座的配合
没有相对运动元件间的配合	无紧固件	$\dfrac{H7}{n6}$、$\dfrac{H7}{r6}$、$\dfrac{H7}{s6}$		固定支承钉、定位销
	有紧固件	$\dfrac{H7}{m6}$、$\dfrac{H7}{k6}$、$\dfrac{H7}{js6}$		

注:表中配合种类和公差等级,仅供参考,根据夹具的实际结构和功用要求,也可选用其他的配合种类和公差等级。

3.3.2 夹具常用元件的配合实例

在表 3-5 中列举了一些夹具常用元件的配合,可供参考。

表 3-5   夹具常用元件的配合

配合元件名称		图　例	配合元件名称		图　例
定位销和支承钉与其配合件的典型配合	定位销	$d\dfrac{H7}{r6}$	定位销和支承钉与其配合件的典型配合	可换定位销	$d\dfrac{H7}{h6}$ $D\dfrac{H7}{n6}$
	菱形销	$d\dfrac{H7}{n6}$		大尺寸定位销	$Df7$ $d\dfrac{H7}{h6}$
定位销和支承钉与其配合件的典型配合	盖板式钻模定位销	$d\dfrac{H7}{r6}$	可动元件的典型配合	滑动钳口	$\dfrac{H7}{h6}$ $L\dfrac{H7}{f7}$
	支承钉	$d\dfrac{H7}{n6}$		滑动 V 形块	$\dfrac{H7}{f7}$ $L\dfrac{H7}{h6}$
活动支承件的典型配合	浮动锥形定位销	$d\dfrac{H7}{g6}$ $D\dfrac{H7}{m6}$		滑动夹具底板	$L\dfrac{H8}{d9}$ $L\dfrac{H8}{d6}$ $H\dfrac{H7}{f7}$ $H\dfrac{H7}{f7}$
	浮动 V 形块	$d\dfrac{H7}{f7}$	固定元件的典型配合	钻模板	$L\dfrac{H7}{m6}$ $D\dfrac{H7}{m6}$ $d\dfrac{H7}{n6}$

配合元件名称		图例	配合元件名称		图例
固定元件的典型配合	对刀块	$d\dfrac{H7}{n6}$　$L\dfrac{H7}{m6}$	夹紧件的典型配合	联动夹紧压板	$d\dfrac{H11}{h11}$　$d\dfrac{H9}{f9}$
	固定V形块	$L\dfrac{H7}{m6}$		双向夹紧压板	$L\dfrac{H12}{b12}$　$d\dfrac{F9}{n6}$　$\dfrac{H7}{p6}$
夹紧件的典型配合	柱塞夹紧装置	$d\dfrac{H7}{n6}$　$\dfrac{H7}{g6}$　$D\dfrac{H7}{r6}$　$d\dfrac{H11}{d11}$		切向夹紧装置	$D\dfrac{H9}{f9}$　$d\dfrac{H11}{d11}$
	偏心夹紧机构	$d\dfrac{H9}{f9}$　$S\dfrac{H11}{h11}$　$d\dfrac{H7}{g6}$　$D\dfrac{H8}{s7}$　$d_1\dfrac{H7}{g6}$　$d_2\dfrac{H7}{g6}$　$D_1\dfrac{H8}{s7}$	分度定位机构的典型配合	分度转轴	$d_1\dfrac{H7}{n6}$　$D\dfrac{H7}{r6}$　$d\dfrac{H7}{g6}$

续表 3-5

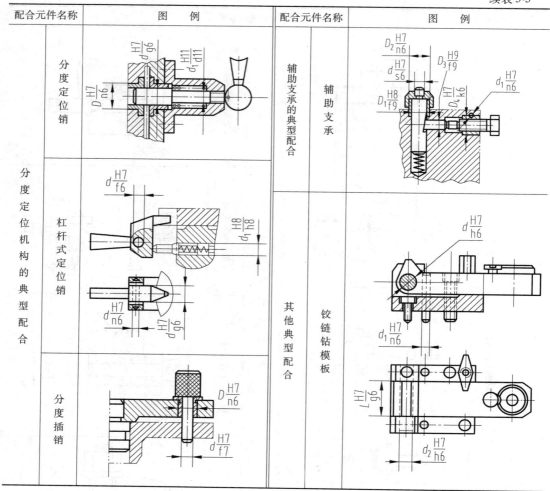

配合元件名称		图　例	配合元件名称		图　例
分度定位机构的典型配合	分度定位销	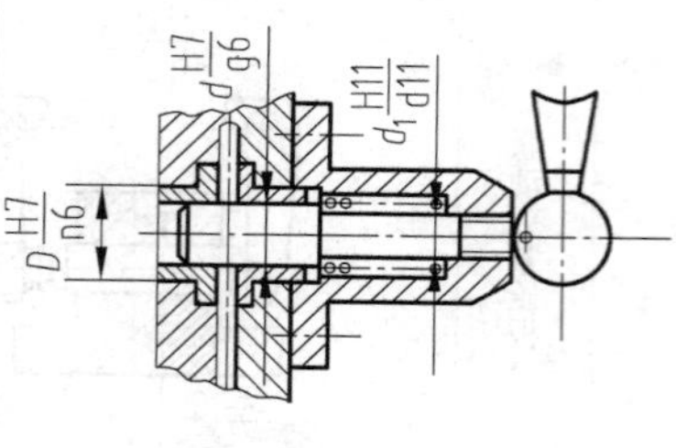	辅助支承的典型配合	辅助支承	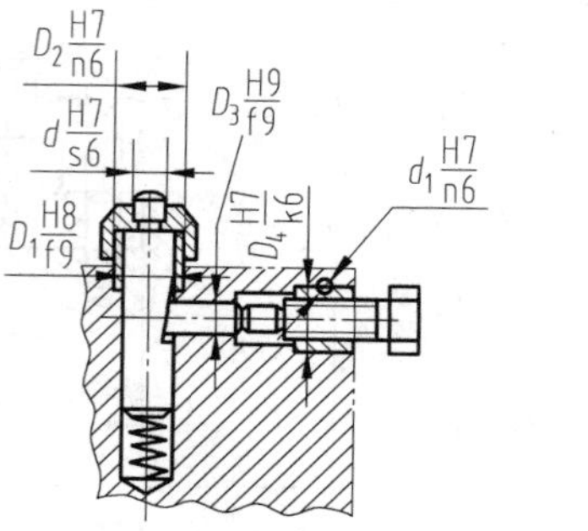
	杠杆式定位销	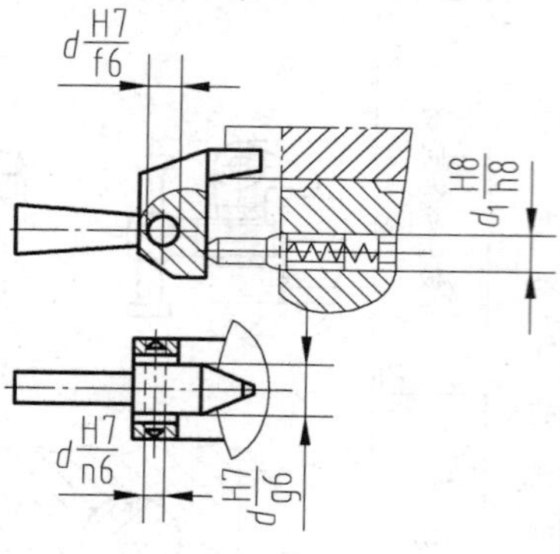	其他典型配合	铰链钻模板	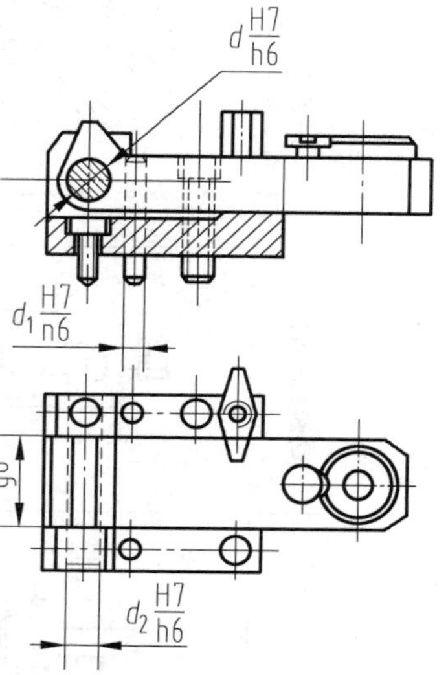
	分度插销	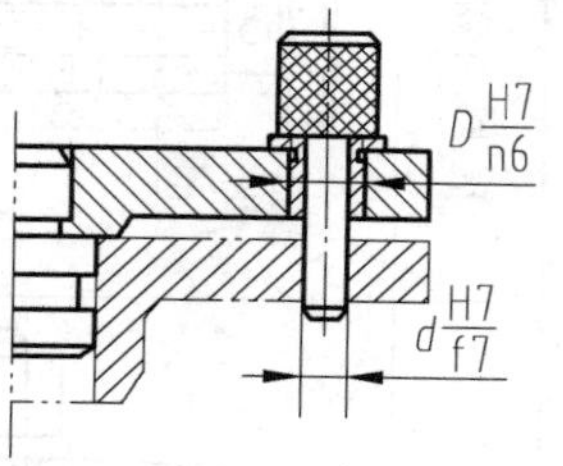			

3.4　各类机床夹具公差和技术要求的制订

由于各类机床的加工工艺特点及夹具与机床的连接方式等的不同，对夹具也有不同的要求。因此，各类机床夹具在其元件的组成、夹具的整体结构和技术要求等方面，都有其各自的特点。按其特点，通常把机床夹具分为车、磨（外圆磨）床夹具，铣、刨床夹具和钻、镗床夹具三类。

3.4.1　车、磨床夹具公差和技术要求的制订

常用的车、磨床夹具多为心轴与卡盘两种类型。用来加工工件的内外圆柱面、回转成形面、螺纹表面以及相应的端面等。上述各种加工表面，都是围绕机床主轴的回转轴线而形成的。保证工件回转轴线的位置精度，即保证工件回转轴线的坐标位置所必要的尺寸精度和位置精度，是车、磨床夹具要解决的主要问题。因而，确定工件在夹具中位置的定位面，相对于机床回转轴线的位置尺寸和公差，是制订车、磨床夹具公差和技术要求的主要内容。根据上述两种夹具的结构和加工特点分述如下。

3.4.1.1　*心轴*

就其工作面的结构形式，心轴可分为刚性和弹性胀开式两种，刚性心轴主要是正确选择心轴定

位面与工件定位基面的配合种类和公差等级,并规定定位面对心轴安装基面之间的同轴度公差。而弹性胀开式心轴工作时,它与工件定位基准孔的配合间隙,是靠定位面的均匀胀开而消除的。所以,这种心轴的制造公差,可适当放宽一些,给制造和使用带来方便。

表3-6是一般常用刚性心轴和弹性胀开心轴的制造公差。心轴的基本尺寸,就是工件定位基准孔的最小尺寸。

当表3-6中的心轴公差不能满足工件加工要求时,可按表3-7选用其他配合种类和公差等级。

表3-6　一般常用心轴的制造公差　　　　　　　　　mm

工件定位基面的基本尺寸	心轴的结构形式			
	刚性心轴		弹性胀开式心轴	
	精加工	一般加工	精加工	一般加工
>6 ~ 10	− 0.005 − 0.014	− 0.025 − 0.047	− 0.013 − 0.028	− 0.040 − 0.062
>10 ~ 18	− 0.006 − 0.017	− 0.032 − 0.059	− 0.016 − 0.034	− 0.050 − 0.077
>18 ~ 30	− 0.007 − 0.020	− 0.040 − 0.073	− 0.020 − 0.041	− 0.065 − 0.098
>30 ~ 50	− 0.009 − 0.025	− 0.050 − 0.089	− 0.025 − 0.050	− 0.080 − 0.119
>50 ~ 80	− 0.010 − 0.029	− 0.060 − 0.106	− 0.030 − 0.060	− 0.100 − 0.146
>80 ~ 120	− 0.012 − 0.034	− 0.072 − 0.126	− 0.036 − 0.071	− 0.120 − 0.174
>120 ~ 180	− 0.014 − 0.039	− 0.085 − 0.148	− 0.043 − 0.083	− 0.145 − 0.208
>180 ~ 250	− 0.015 − 0.044	− 0.100 − 0.172	− 0.050 − 0.096	− 0.170 − 0.242
>250 ~ 315	− 0.017 − 0.049	− 0.110 − 0.191	− 0.056 − 0.108	− 0.190 − 0.271
>315 ~ 400	− 0.018 − 0.054	− 0.125 − 0.214	− 0.062 − 0.119	− 0.210 − 0.299
>400 ~ 500	− 0.020 − 0.060	− 0.135 − 0.232	− 0.068 − 0.131	− 0.230 − 0.327

表3-7　心轴的配合种类和公差等级

刚性心轴		弹性胀开式心轴	
精加工	一般加工	精加工	一般加工
h5,g5,h6	h6,g6,f7	h6,g6,f7	f7,e8

心轴在机床上的安装方式,通常有以下几种:心轴可以用其中心孔(图3-6),安装在机床的

前后顶尖上;也可用莫氏锥度的尾柄(图3-7),直接插入机床主轴的锥孔内;还有带找正基面的心轴(图3-8),在四爪卡盘内找正,确定其在机床上的位置。但不管采用哪种方式,都应在心轴的总装图上提出定位面对其中心孔、锥度尾柄或找正基面的相互位置精度。因为,心轴工作时,是随机床主轴一起回转的,所以心轴的安装基准(即中心孔、锥柄、找正基面等)必须与定位面同轴,否则将直接影响工件的加工精度。因此,定位面对心轴回转中心(即心轴的安装基面)的同轴度要有严格规定。在图3-6中,两阶梯定位面对两中心孔轴线的同轴度公差为0.01 mm。在图3-7中,心轴定位面对锥柄的同轴度公差为0.01 mm。在图3-8中,定位面对找正基面的同轴度公差为0.01 mm。在图3-6、图3-7、图3-8中,各轴向定位面对心轴回转轴线A的垂直度公差为0.01 mm,符合技术要求。有了这些技术要求,就能保证工件的加工要求。

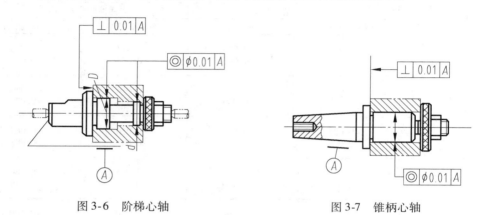

图3-6　阶梯心轴　　　　　　　　　　　　图3-7　锥柄心轴

　　表3-8是车、磨床夹具加工有同轴度要求的工件时,定位面对其回转轴线的同轴度公差,供设计时参考。

表3-8　车、磨床夹具同轴度公差　　　　　　　　　　　　　mm

工件的同轴度公差	定位面对其回转轴线的同轴度公差	
	心轴类夹具	一般车、磨床夹具
0.05 ~ 0.10	0.005 ~ 0.010	0.01 ~ 0.02
0.10 ~ 0.20	0.010 ~ 0.015	0.02 ~ 0.04
0.2 以上	0.015 ~ 0.030	0.04 ~ 0.06

3.4.1.2　卡盘

　　卡盘与机床主轴的连接形式,因机床主轴前端的结构形式和卡盘径向尺寸的大小而异。一般小型卡盘(指直径小于140 mm的卡盘)可用锥柄与机床主轴的锥孔连接;径向尺寸较大的卡盘,常用过渡盘将夹具(卡盘)与机床主轴连接起来,即夹具以其定位孔按H7/js6或H7/h6配合,安装在过渡盘的凸缘上,而过渡盘以圆孔按H7/js6或H7/h6和主轴的定位轴颈相配合;或以相应的锥孔与主轴的长锥或短锥相配合。以保证卡盘的回转轴线与机床主轴的回转轴线同轴。因此,过渡盘的凸缘对其圆孔或锥孔应严格同轴,一般同轴度公差应控制在0.01 mm以内。

　　卡盘类夹具,除上述要求外,定位面与夹具的安装基面间也需要有较严格的技术要求,其要求与心轴的要求基本相同。图3-9为加工轴套内孔用的夹具结构简图。为了保证工件外圆与内孔的同轴度要求,夹具定位面A对止口面C,应有一定的同轴度要求,并对其端面B应有一定的垂直度要求。以保证定位面 A 与车床主轴轴线同轴。

图 3-10 为在车床上镗削支架小孔的夹具。为使被加工孔轴线处于机床主轴的回转轴线上，设有找正基面(基准孔)。因此，定位表面 D 到找正基面(找正孔的轴线)，有与工件加工尺寸相应的 35 ± 0.03 mm 的尺寸公差要求；为使镗孔轴线与其定位基准(底面 A)平行，夹具上规定有：定位面 D 对端面 F 的垂直度要求；为使夹具安装位置的正确，规定找正基面的轴线对端面 F 的垂直度要求。这些尺寸公差和技术要求，是保证工件的加工要求所必需的。

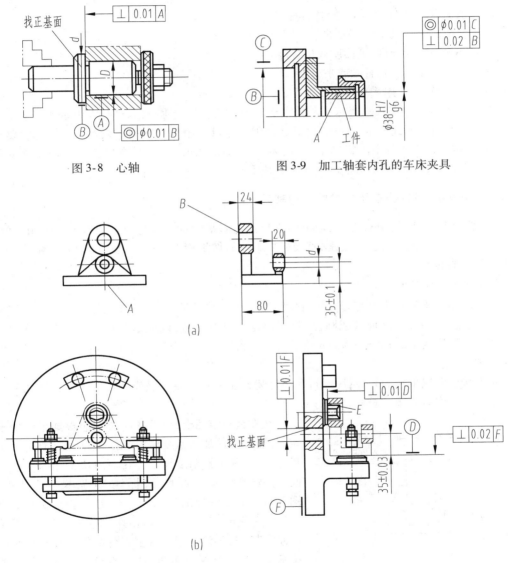

图 3-8　心轴

图 3-9　加工轴套内孔的车床夹具

(a)

(b)

图 3-10　支架加工工序图和夹具图
(a) 工序图；(b) 夹具图

对于图 3-10 所示的角铁式专用卡盘，由于各组成元件和工件所处的位置，相对于机床主轴回转轴线是不平衡的。这对加工质量、刀具寿命、机床精度和加工安全等都有很大影响。特别是在高速回转的情况下，影响更大。所以，对于这种夹具应有平衡要求。可用设置配重块，或采用减重孔的方法,达到平衡的目的,在设计夹具时,往往很难计算出平衡块的重量。实际上多用试配的方法来确定平衡块的重量。为调试方便,可使配重块的重量及其位置有调整的余地。如配重块可制成多片,或在结构上开有径向槽或圆弧槽等,以便平衡时调整。

车、磨床夹具的主要技术要求,一般应包括以下几方面:

(1) 与工件定位基面相配合的定位面,对其回转轴线或相当于回转轴线间的同轴度。

(2) 当工件定位基面与心轴阶梯定位面配合时,应规定此阶梯定位面对其回转轴线的同轴度。

(3) 轴向定位面(端面)对径向定位面的垂直度。

(4) 定位面对夹具安装基面的平行度或垂直度。

(5) 定位面的直线度、平面度或位置度。

(6) 各定位面间的垂直度或平行度。

(7) 有关制造、使用或平衡的要求等。

表 3-9 中列出了标注车、磨床夹具技术要求的示例。为说明问题方便,表中技术要求采用代号和文字说明两种形式表示。在实际标注时,则应尽量采用代号在图中表示。关于技术要求中的数值,应按前述 3.2 节中内容确定,或按表 3-8 选取。如果工件没有标注相互位置精度要求时,夹具一般可取 0.01 ~ 0.02 mm(磨床夹具应取得更严些)。

3.4.2　铣、刨床夹具公差和技术要求的制订

铣、刨床夹具,常使用对刀块、定位键或找正基面来确定夹具与刀具和机床间的相对位置。它们与定位面之间的相互位置精度,直接影响工件的加工精度。所以,铣、刨床夹具公差和技术要求的制订直接与其有关。

3.4.2.1　对刀块

对刀块是用来确定夹具与刀具相对位置的元件。对刀时,不允许铣刀与对刀块的工作面直接接触,而是通过塞尺(平面型或圆柱型)来确定刀具的位置,以免划伤对刀块的工作表面。常用的塞尺有厚度为 1 mm、3 mm、5 mm 的平面塞尺和工作直径为 3 mm、5 mm 的圆柱塞尺两类。其公差均按 h6 制造。

对刀块应做成单独的元件,用螺钉和销钉装夹在夹具体便于操作的位置上。不能用夹具上的其他元件兼作对刀块。

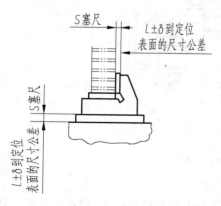

图 3-11　对刀块尺寸公差的标注

在夹具总装图上,对刀块的位置应根据定位面来确定,并需按工件加工精度要求,制订对刀块工作面的坐标尺寸、公差和位置精度要求。在对刀块工作面与刀具之间,应按选择塞尺厚度 S,标注"S 塞尺"的尺寸,见图 3-11。当工件的加工面到它的定位基准成平行或垂直位置关系时,对刀块工作面的尺寸公差,就可直接由定位面注起(图 3-5)。但有许多工件的加工表面与它的定位基准既不平行又不垂直,这就给确定对刀块的正确位置和合理的公差带来许多困难。遇到这种情况时,对刀块的位置,就必须通过工艺孔来间接标注它的位置尺寸和公差要求。表 3-10 列举了对刀块工作面到定位面的尺寸值的计算示例。

表3-9 车、磨床夹具技术要求标注示例

文字说明示例	代号示例	代号示例	文字说明示例
表面 E 轴线对两中心孔轴线的同轴度公差为……			1. 表面 E 轴线对两中心孔轴线的同轴度公差为…… 2. 端面 F 轴线对两中心孔轴线的垂直度公差为……
1. 表面 E 轴线对表面 A 的同轴度公差为…… 2. 端面 F 对表面 A 的垂直度公差为……			1. 表面 E 轴线对表面 A 的同轴度公差为…… 2. 表面 F 对表面 E 的垂直度公差为…… 3. 表面 F 对表面 B 的平行度公差为……
1. V 形块轴线对表面 A 轴线的同轴度公差为…… 2. V 形块对端面 B 的垂直度公差为……			1. 表面 E 和 F 的轴心连线对表面 A 的轴线的位置度公差为…… 2. 表面 R 对端面 B 的垂直度公差为……

续表 3-9

代号示例	文字说明示例	代号示例	文字说明示例
	1. 表面 E 对表面 R 的垂直度公差为…… 2. 表面 E 的轴线对表面 A 的轴线的位置度公差为…… 3. 表面 R 对端面 B 的垂直度公差为……		1. 表面 R 对端面 B 的平行度公差为…… 2. 表面 E 和 F 的轴心连线对表面 A 的轴线的位置度公差为……
	1. 表面 E 和 F 的轴心连线对表面 A 轴线的位置度公差为…… 2. 表面 F 的轴线对表面 C 的垂直度公差为…… 3. 斜表面 C 对端面 B 的倾斜斜度公差为……		1. V 形块对轴线对表面 A 的位置度公差为 2. V 形块轴线对表面 A 的轴线的垂直度公差为 3. V 形块轴线对端面 B 的平行度公差为…… 4. V 形块纵向轴线同轴线对 A 的轴线同轴度公差为

注:凡标有基准代号的表面,就作为该表面的代号用于文字说明示例中,以下类同。

表 3-10 对刀块工作面到定位面间的位置尺寸计算　　　　　　mm

加 工 简 图	夹 具 简 图	计 算 公 式
		$H' = H - S$
		$H' = H - \dfrac{D}{2} - S$
		$H' = \dfrac{D}{2} - H - S$
		$H' = (l + B)\sin\alpha + \dfrac{D}{2}\cos\alpha - S$
		$H' = \left(L - \dfrac{D}{2} - \dfrac{D}{2}\cot\alpha\right)\sin\alpha - S$

　　对刀块工作面到定位面间的制造公差,可按工件工序尺寸的相应公差来确定,具体数据可参考表 3-11 选用。

表 3-11 按工件公差确定对刀块到定位面的制造公差　　　　　　mm

工 件 公 差	对刀块工作面到定位面的制造公差	
	平行或垂直时	不平行或不垂直时
$\approx \pm 0.10$	± 0.02	± 0.015
$\pm 0.10 \sim \pm 0.25$	± 0.05	± 0.035
± 0.25 以上	± 0.10	± 0.08

3.4.2.2　定位键

定位键是用来确定夹具与机床工作台之间正确相对位置的元件。定位键应该用两个,分别用螺钉紧固在夹具底面的键槽中,它与键槽的配合一般采用 H7/h6 或 H9/h8。定位键的下半部分的两侧面与铣床工作台中间的一条 T 形槽相配合(因一般情况铣床工作台中间 T 形槽精度较高),其公差为 H9。

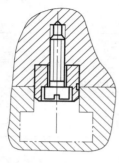

图 3-12　定位键与
夹具和机床的配合

为了提高夹具的定位精度,可采用键侧开有沟槽的定位键(图 3-12),键的上半部分,按上述配合种类和公差等级与夹具体键槽相配,而定位键下半部分,其宽度尺寸留有余量,以便按间隙配合 h6 与机床 T 形槽修配;或者在安装夹具时,把它推向一边,使定位键保持与机床 T 形槽的一侧贴合,以避免配合间隙的影响。

对于精度要求较高的或重型夹具,一般不采用定位键,而是在夹具体上设置找正基面,用它来找正夹具在机床上的位置。

定位键与定位面之间没有严格的尺寸联系。但为了保证工件处于正确的加工位置,所以对它们之间的相互位置精度(如平行度或垂直度等),必须规定较严的公差。

在铣、刨床夹具中,对刀块工作表面和定位键的工作侧面与定位面的相互位置精度要求,应根据被加工工件的相应要求来确定,它们之间的数值关系,见表 3-12。

表 3-12　对刀块工作面、定位键工作侧面与定位面的技术要求　　　　mm

工件加工面对其定位基准的位置要求	对刀块工作面、定位键工作侧面与定位面的平行度或垂直度的公差
0.05 ~ 0.10	0.01 ~ 0.02
0.10 ~ 0.20	0.02 ~ 0.05
0.20 以上	0.05 ~ 0.10

铣、刨床夹具的技术要求,主要根据工件的精度要求来确定。一般应包括以下几方面:

(1)定位面对夹具安装基面的平行度或垂直度。

(2)定位面(导向定位面或轴心线)对定位键工作侧面(或找正基面)的平行度或垂直度。

(3)定位面的平面度或位置度。

(4)定位面间的平行度或垂直度。

(5)对刀块工作面到定位面距离的制造公差。

表 3-13 中列出了标注铣、刨床夹具技术要求的示例。技术要求中的公差数值,应按工件的具体加工要求来确定或按表 3-11、表 3-12 选用。当工件没有具体相互位置要求时,则可参考下列数据:

(1)对刀块工作面对定位面的平行度或垂直度在 100 mm 内公差为 0.03 mm。

(2)定位面与定位键工作侧面间的平行度或垂直度在 100 mm 内公差为 0.02 mm。

3.4.3　钻、镗床夹具公差和技术要求的制订

在钻床或镗床上,用钻模或镗模加工孔和孔系时,其尺寸精度和相互位置精度,主要由钻(镗)套的精度和导套的相互位置精度来保证。因此,钻模、镗模的公差和技术要求,除定位面间、定位面与钻(镗)模的安装基面间以及其他相互位置要求外,主要还有钻(镗)套与刀具导向部分的公差与配合;钻(镗)套中心距的尺寸公差和各钻(镗)套间、钻(镗)套与定位面间等的相

互位置精度要求。

表 3-13　铣、刨床夹具技术要求标注示例

代 号 示 例	文字说明示例	代 号 示 例	文字说明示例
	表面 F 对底面 A 的平行度公差为……		1. 表面 F 对底面 A 的平行度公差为…… 2. 表面 N 对底面 A 的垂直度公差为……
	1. 表面 F 对底面 A 的平行度公差为…… 2. 表面 N 对键侧面 B 的垂直度公差为…… 3. 表面 N 对底面 A 的垂直度公差为……		V 形块的轴线对底面 A(或键侧面 B 或 A 和 B) 的平行度公差为……
	1. 表面 N 的轴线对底面 A 的垂直度公差为…… 2. 表面 F 对底面 A 的平行度公差为……		1. 表面 U、V、W、Y 的轴线对底面 A 的垂直度公差为…… 2. 表面 U、V、W 和 Y 的轴线应在同一平面内,各轴线的位置度公差为…… 3. 通过 U、Y 两轴线之平面对键侧面的平行度公差为……
	1. 表面 U、V、W、Y 的轴线对底面 A 的平行度公差为…… 2. 表面 U、V、W 和 Y 的轴线应在同一平面内,各轴线的位置度公差为…… 3. 表面 U、V、W、Y 的轴线对键侧面 B 的垂直度公差为……		表面 F 的轴线对底面 A(或表面 B 或 A 和 B)的垂直度公差为……

代　号　示　例	文字说明示例	代　号　示　例	文字说明示例
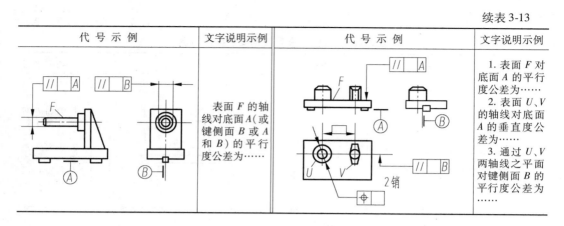	表面 F 的轴线对底面 A（或键侧面 B 或 A 和 B）的平行度公差为……		1. 表面 F 对底面 A 的平行度公差为…… 2. 表面 U、V 的轴线对底面 A 的垂直度公差为…… 3. 通过 U、V 两轴线之平面对键侧面 B 的平行度公差为……

3.4.3.1　钻模

（1）钻套的公差与配合。钻套内径的基本尺寸为刀具最大极限尺寸，其公差按基轴制配合制订。一般钻孔、扩孔和粗铰孔时，常采用间隙配合 F8 或 G7。精铰孔时，采用间隙配合 G7 或 G6。当刀具的导向部分，不是切削部分，而是圆柱导向部分（如接长的扩孔钻、铰刀、刀杆等）导向时，也可按基孔制的相应配合，即钻套内径用 H7，刀具导向部分用 f7，g6，g5。根据工件的加工精度和加工方法（钻、扩、铰等）的不同，应采用不同的配合种类和公差等级。钻套的公差与配合按表 3-14 选择。

表 3-14　钻套的公差与配合

钻套名称	加工方法及配合部位			配合种类及公差等级	备　注
衬　套	外径与钻模板			$\dfrac{H7}{r6}$　$\dfrac{H7}{n6}$　$\dfrac{H6}{n5}$	
	内　径			H6、H7	
固定钻套	外径与钻模板			$\dfrac{H7}{r6}$　$\dfrac{H7}{n6}$	
	内　径			G7、F8	①
可换钻套及快换钻套	钻孔及扩孔	钻孔及扩孔	外径与衬套	$\dfrac{H7}{g6}$　$\dfrac{H7}{f7}$	
			刀具切削部分导向	$\dfrac{F7}{h6}$　$\dfrac{G7}{h6}$	①
			刀柄或刀杆导向	$\dfrac{H7}{f7}$　$\dfrac{H7}{g6}$	
	粗铰孔		外径与衬套	$\dfrac{H7}{g6}$　$\dfrac{H7}{h6}$	
			内　径	$\dfrac{G7}{h6}$　$\dfrac{H7}{h6}$	①
	精铰孔		外径与衬套	$\dfrac{H6}{g5}$　$\dfrac{H6}{h5}$	
			内　径	$\dfrac{G6}{h5}$　$\dfrac{H6}{h5}$	①

①基本尺寸为刀具的最大尺寸。

钻套内外圆的同轴度：当内径公差为 H7 时，公差为 0.008 mm。当内径公差为 H6 时，内径小于 50 mm，公差为 0.005 mm；内径大于 50 mm，公差为 0.01 mm。

（2）钻套的位置尺寸及相互位置精度。各钻套中心线间的距离，钻套中心到定位面的距离，及其相互位置精度要求等，应根据工件的具体加工精度要求，相应地对夹具提出精度要求,以确保工件的加工精度。工件被加工孔的轴线位置,有时与其定位基准保持平行或垂直关系,这时在夹具上只标注与工件相应的坐标尺寸及公差即可;有时被加工孔的轴线与其定位基准成倾斜位置,这时,应通过工艺孔间接地标注尺寸和公差,来满足工件的加工精度要求。表3-15是按工件工序尺寸公差来确定钻套中心距,或钻套中心到定位面间的制造公差,供设计时参考。

表 3-15 钻套中心距或钻套中心到定位面间的制造公差　　　　mm

工件孔中心距或到定位基准的公差	钻套中心距或钻套中心到定位面的制造公差	
	平行或垂直时	不平行或不垂直时
±0.05 ~ ±0.10	±0.005 ~ ±0.02	±0.005 ~ ±0.015
±0.10 ~ ±0.25	±0.02 ~ ±0.05	±0.015 ~ ±0.035
±0.25 以上	±0.05 ~ ±0.10	±0.035 ~ ±0.080

被加工孔的相互位置精度要求,在夹具上也应有相应的相互位置精度要求来保证。为此,必须要求钻套中心线对定位面,或对夹具的安装基面保持相应的相互位置精度要求。其公差数值,应按工件的加工技术要求来确定。具体数据见表3-16。

表 3-16 钻套中心线对夹具安装基面的相互位置精度　　　　mm

加工孔对其定位基准面的平行度或垂直度公差	钻套中心线对夹具安装基面的平行度或垂直度要求
0.05 ~ 0.10	0.01 ~ 0.02
0.10 ~ 0.25	0.02 ~ 0.05
0.25 以上	0.05

当工件加工孔无相互位置精度要求时,则可按钻套中心线对夹具安装基面的平行度或垂直度在 100 mm 内公差为 0.05 mm 来确定。

（3）钻模的主要技术要求。钻床夹具的主要技术要求,一般应包括以下几方面:

定位面对夹具安装基面的平行度或垂直度;

钻套中心线对定位面或对夹具安装基面的平行度或垂直度;

同轴线钻套的同轴度;

定位面的直线度、平面度或位置度;

定位面和钻套中心线对夹具找正基面的平行度或垂直度;

各钻套间、钻套与定位面间的尺寸要求及相互位置要求。

3.4.3.2　镗模

镗模是箱体类工件孔系加工极为重要的夹具。它与钻模有许多共同之处,但也有一些特殊的要求。

（1）镗套。镗套内径的基本尺寸,即镗杆的基本尺寸,其公差按基孔制制订。关于镗杆与固定镗套、镗套与衬套、衬套与镗模支架的常用配合种类和公差等级,列入表3-17中,供参考。

表 3-17　镗套的公差与配合

加工方法＼配合表面	镗杆与镗套	镗套与衬套	衬套与支架
粗　镗	$\dfrac{H7}{h6}$、$\dfrac{H7}{g6}$	$\dfrac{H7}{g6}$、$\dfrac{H7}{h6}$	$\dfrac{H7}{n6}$、$\dfrac{H7}{s6}$
精　镗	$\dfrac{H6}{h5}$、$\dfrac{H6}{g5}$	$\dfrac{H6}{g5}$、$\dfrac{H6}{h5}$	$\dfrac{H7}{n6}$、$\dfrac{H7}{r6}$

注：1. 滑动导向、摩擦面的线速度不宜超过 24 m/min。

　　2. 一般粗镗是指镗削 IT8 以下的孔。而精镗则指镗削 IT7 的孔。

回转镗套与镗杆的配合多采用 H7/h6 或 H6/h5。当加工孔的位置精度要求较高时,建议镗杆与镗套的配合,采用研配法,使其配合间隙小于 0.01 mm。

精加工时,镗套内孔的圆度公差,取被加工孔圆度公差的 1/6 ~ 1/5。

镗套内外圆的同轴度,一般应小于 0.005 ~ 0.01 mm。

（2）镗杆。镗杆直径,一般可按经验公式选取,即:

$$d = (0.7 \sim 0.8)D \qquad (\text{mm})$$

式中　d——镗杆直径;

　　　D——工件被加工孔直径。

或根据被镗孔直径,按表 3-18 所列数据,选取镗杆直径。

表 3-18　镗杆直径和工件孔径的关系　　　　　　　　　mm

工件孔径	40 ~ 50	51 ~ 70	71 ~ 85	86 ~ 100	101 ~ 140	141 ~ 200
镗杆直径 d	32	40	50	60	80	100

镗杆直径太小,刚度不好,太大使用不方便。故其直径一般应大于 25 mm,在特殊情况下,也不得小于 15 mm。直径大于 80 mm 时,应制成空心的,以减轻重量。

同根镗杆上的直径,应尽量一致,以便于制造和易于保证加工精度。

镗杆的主要技术要求,应包括以下几方面:

导向部分的圆度和圆柱度的公差,为其直径公差的 1/2;

镗杆两端导向部分的同轴度在 500 mm 内公差为 0.01 mm;

装镗刀块的刀孔对镗杆轴线的位置公差为 0.01 ~ 0.05 mm,对镗杆的垂直度在 100 mm 内公差为 0.01 ~ 0.02 mm;

镗杆的传动销孔轴线对镗杆轴线的垂直度和位置度均应小于 0.01 mm;

当用低碳合金钢或低碳钢做镗杆时,渗碳层深度为 0.8 ~ 1.2 mm,淬火硬度为 HRC61 ~ 63。装刀孔表面不淬火;

导向部分的表面粗糙度 Ra,一般为 0.8 ~ 0.4 μm;刀孔的表面粗糙度 Ra 一般为 1.6 μm。

（3）镗模的主要技术要求。镗模是精加工用夹具,因此各方面要求均较高。如镗模支架上导向孔,它主要是用来保证加工孔或孔系的位置精度,所以导向孔的中心线必须与定位面保持正确的相互位置要求。如对定位面的坐标尺寸公差、平行度、垂直度,对镗模找正基面的相互位置要求,孔系各孔中心线间的平行度和垂直度,同轴线孔的同轴度等。

对于镗模技术要求的公差数值,一般按经验在工件相应公差的 1/5 ~ 1/3 范围内选取。如果

工件图上没有标注有关要求的公差时,可按下述常用经验数据标注。镗模的主要技术要求,一般应包括以下几方面:

定位面对夹具安装基面的平行度或垂直度,一般取为 0.01 mm;

镗套中心线对定位面的平行度或垂直度,一般取为 0.01 ~ 0.02 mm;

镗套轴线对找正基面的平行度或垂直度,一般取为 0.01 ~ 0.02 mm;

同轴线镗套的同轴度,精镗时取为 0.005 ~ 0.01 mm,粗镗时取为 0.01 ~ 0.02 mm;

各镗套间的平行度或垂直度,一般取为 0.01 ~ 0.02 mm;

定位面的直线度和平面度或位置度要求,一般取为 0.01 mm。

表 3-19 列出了标注钻、镗床夹具技术要求的示例。其中技术要求的数值,可根据上述经验数据选取。

表 3-19 钻、镗床夹具技术要求标注示例

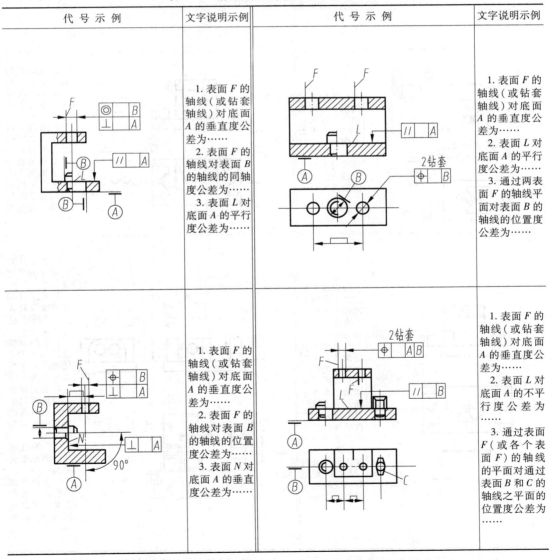

代 号 示 例	文字说明示例	代 号 示 例	文字说明示例
	1. 表面 F 的轴线(或钻套轴线)对底面 A 的垂直度公差为…… 2. 表面 F 的轴线对表面 B 的轴线的同轴度公差为…… 3. 表面 L 对底面 A 的平行度公差为……		1. 表面 F 的轴线(或钻套轴线)对底面 A 的垂直度公差为…… 2. 表面 L 对底面 A 的平行度公差为…… 3. 通过两表面 F 的轴线平面对表面 B 的轴线的位置度公差为……
	1. 表面 F 的轴线(或钻套轴线)对底面 A 的垂直度公差为…… 2. 表面 F 的轴线对表面 B 的轴线的位置度公差为…… 3. 表面 N 对底面 A 的垂直度公差为……		1. 表面 F 的轴线(或钻套轴线)对底面 A 的垂直度公差为…… 2. 表面 L 对底面 A 的不平行度公差为…… 3. 通过表面 F(或各个表面 F)的轴线的平面对通过表面 B 和 C 的轴线之平面的位置度公差为……

代　号　示　例	文字说明示例	代　号　示　例	文字说明示例

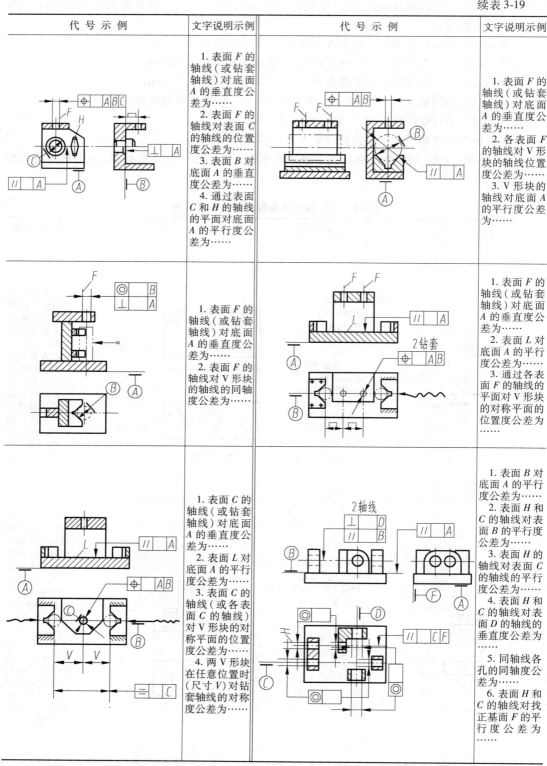

第一行 左栏文字说明：

1. 表面 F 的轴线（或钻套轴线）对底面 A 的垂直度公差为……
2. 表面 F 的轴线对表面 C 的轴线的位置度公差为……
3. 表面 B 对底面 A 的垂直度公差为……
4. 通过表面 C 和 H 的轴线的平面对底面 A 的平行度公差为……

第一行 右栏文字说明：

1. 表面 F 的轴线（或钻套轴线）对底面 A 的垂直度公差为……
2. 各表面 F 的轴线对 V 形块的轴线位置度公差为……
3. V 形块的轴线对底面 A 的平行度公差为……

第二行 左栏文字说明：

1. 表面 F 的轴线（或钻套轴线）对底面 A 的垂直度公差为……
2. 表面 F 的轴线对 V 形块的轴线的同轴度公差为……

第二行 右栏文字说明：

1. 表面 F 的轴线（或钻套轴线）对底面 A 的垂直度公差为……
2. 表面 L 对底面 A 的平行度公差为……
3. 通过各表面 F 的轴线的平面对 V 形块的对称平面的位置度公差为……

第三行 左栏文字说明：

1. 表面 C 的轴线（或钻套轴线）对底面 A 的垂直度公差为……
2. 表面 L 对底面 A 的平行度公差为……
3. 表面 C 的轴线（或各表面 C 的轴线）对 V 形块的对称平面的位置度公差为……
4. 两 V 形块在任意位置时（尺寸 V）对钻套轴线的对称度公差为……

第三行 右栏文字说明：

1. 表面 B 对底面 A 的平行度公差为……
2. 表面 H 和 C 的轴线对表面 B 的平行度公差为……
3. 表面 H 的轴线对表面 C 的轴线的平行度公差为……
4. 表面 H 和 C 的轴线对表面 D 的轴线的垂直度公差为……
5. 同轴线各孔的同轴度公差为……
6. 表面 H 和 C 的轴线对找正基面 F 的平行度公差为……

注：表内前五个例图中定位销和定位孔各表示了一半，并标有相同的基准代号，以示两种定位情况的技术要求相同。

3.5 夹具零件的公差和技术要求

3.5.1 夹具标准零件及部件的技术要求

夹具常用的零件及部件都已标准化,从标准中可查出夹具零件及部件的结构尺寸、精度等级、表面粗糙度、材料及热处理条件等。它们的技术要求可参阅《机床夹具零件及部件技术条件》(GB2259)。

机床夹具零件及部件技术要求中规定(摘录):

3.5.1.1 一般要求

(1)制造零件及部件采用的材料应符合相应的国标规定。允许采用力学性能不低于原规定牌号的其他材料制造。

(2)铸件不允许有裂纹、气孔、砂眼、缩松、夹渣、浇冒口、飞翅、毛刺等缺陷,并将结疤、粘砂清除干净。

(3)锻件不许有裂纹、皱折、飞边、毛刺等缺陷。

(4)机械加工前,对铸件或锻件应经时效处理或退火、正火处理。

(5)零件加工表面不应有锈蚀或机械损伤。

(6)热处理后的零件应清除氧化皮、脏物和油污,不允许有裂纹或龟裂等缺陷。

(7)零件上的内外螺纹均不得渗碳。

(8)加工面未注公差的尺寸,其尺寸公差按国标规定选取。

(9)未注形位公差的加工面应按国标规定选取。

(10)经磁力吸盘吸附过的零件应退磁。

(11)零件的中心孔应按 GB145 的规定。

(12)零件焊缝不应有未填满的弧坑、气孔、夹渣、基体材料烧伤等缺陷,焊接后应经退火或正火处理。

(13)采用冷拉四方钢材(按 GB906)、六角钢材(按 GB907)或圆钢材(按 GB905)制造的零件,其外尺寸符合要求时,可不加工。

(14)铸件和锻件机械加工余量和尺寸偏差按各相应标准的规定。

(15)一般情况下,零件的锐边应倒钝。

(16)零件滚花按 GB6403.3 的规定。

(17)砂轮越程槽按 GB6403.5 的规定。

(18)普通螺纹基本尺寸应符合 GB196 的规定,其公差和配合按 GB197 规定中的中等精度。

(19)非配合的锥度和角度的自由公差按 GB11335 中 C 级的规定。

(20)图面上未注明的螺纹精度一般选 6H/6g 精度等级。未注明的粗糙度按 Ra 等于 3.2 μm。

(21)梯形螺纹牙型与基本尺寸应符合 GB5796.3 的规定,其公差应符合 GB5796.4 的规定。

(22)偏心轮工作面母线对配合孔的中心线的平行度,在 100 mm 长度上应不大于 0.1 mm。

(23)垫圈的外廓对内孔的同轴度应不大于表 3-20 的规定。

表 3-20　垫圈的外廓对内孔的同轴度公差　　　　　　　　　mm

公称直径	4 ~ 8	10 ~ 12	16 ~ 20	≥24
同轴度	0.4	0.5	0.6	0.7

3.5.1.2　装配质量

（1）装配时各零件均应清洗干净，不得残留有铁屑和其他各种杂物，移动和转动部位应加油润滑。

（2）固定连接部位，不得松动、脱落，活动连接部位中的各种运动部件应动作灵活、平稳、无阻涩现象。

3.5.1.3　验收规则

（1）产品应由制造厂按相应标准的要求进行检验。

（2）产品的验收可参照 GB90 所规定的验收规则进行抽检。

3.5.2　夹具专用零件公差和技术要求

设计夹具专用零件及部件时，其公差和技术要求可依据夹具总装配图上标注的配合种类和精度等级，以及技术要求，参照《机床夹具零件及部件技术条件》的国家标准制订。一般包括以下内容：

（1）夹具零件毛坯的技术要求。如毛坯的质量、硬度、毛坯热处理以及精度要求等。

（2）夹具零件常用材料和热处理的技术要求。包括为改善机械加工性能和为达到要求的力学性能而提出的热处理要求。所定要求应与选用的材料和零件在夹具中的作用相适应。

夹具零件常用材料和热处理技术要求见表 3-21。

表 3-21　夹具主要零件常用的材料和热处理技术要求

零件种类	零件名称	材　料	热处理要求
壳体零件	夹具体及形状复杂的壳体	HT200	时效
	焊接壳体	Q235	
	花盘和车床夹具体	HT300	时效
定位元件	定位心轴	$D \leqslant 35$ mm T8A $D > 35$ mm 45	淬火 55 ~ 60HRC 淬火 43 ~ 48HRC
夹紧零件	斜楔	20	渗碳、淬火、回火 54 ~ 60HRC 渗碳深度 0.8 ~ 1.2 mm
	各种形状的压板	45	淬火、回火 40 ~ 45HRC
	卡爪	20	渗碳、淬火、回火 54 ~ 60HRC 渗碳深度 0.8 ~ 1.2 mm
	钳口	20	渗碳、淬火、回火 54 ~ 60HRC 渗碳深度 0.8 ~ 1.2 mm
	虎钳丝杆	45	淬火、回火 35 ~ 40HRC
	切向夹紧用螺栓和衬套	45	调质 225 ~ 255HBS
	弹簧夹头心轴用螺母	45	淬火、回火 35 ~ 40HRC
	弹性夹头	65Mn	夹料部分淬火、回火 56 ~ 61HRC 弹性部分淬火 43 ~ 48HRC

零件种类	零 件 名 称	材 料	热 处 理 要 求
其他零件	活动零件用导板	45	淬火、回火 35～40HRC
	靠模、凸轮	20	渗碳、淬火、回火 54～60HRC 渗碳深度 0.8～1.2 mm
	分度盘	20	渗碳、淬火、回火 58～64HRC 渗碳深度 0.8～1.2 mm
	低速运转的轴承衬套和轴瓦	ZCuSn10Pb1	
	高速运转的轴承衬套和轴瓦	ZCuPb30	

（3）夹具零件的尺寸公差和技术要求：

① 工件有公差要求的尺寸,夹具零件的相应尺寸公差应为 1/5～1/2 的工件公差。

② 工件无公差要求的直线尺寸,夹具零件的相应尺寸公差,可取为 ±0.1 mm。

③ 工件无角度公差要求的角度尺寸,夹具零件的相应角度公差,可取为 ±10′。

④ 紧固件用孔中心距 L 的公差。当 $L<150$ mm 时,可取 ±0.1 mm;$L>150$ mm 时,取 ±0.15 mm。

⑤ 夹具体上的找正基面,是用来找正夹具在机床上位置的,同时也是夹具制造和检验的基准。因此,必须保证夹具体上安装其他零件(尤其是定位元件)的表面与找正基面的垂直度或平行度应小于 0.01 mm。

⑥ 找正基面本身的直线度或平面度应小于 0.005 mm。

⑦ 夹具体、模板、立柱、角铁、定位心轴等夹具元件的平面与平面之间、平面与孔之间、孔与孔之间的平行度、垂直度和同轴度等,应取工件相应公差的 1/3～1/2。

（4）夹具零件的表面粗糙度。夹具定位元件工作表面的粗糙度数值应比工件定位基准表面的粗糙度数值降低 1～3 个数值段。夹具其他零件主要表面的粗糙度见表 3-22。

表 3-22 夹具零件主要表面的粗糙度（Ra）　　　　　μm

表面形状	表 面 名 称	精度等级	外圆或外侧面	内孔或内侧面	举 例
圆柱面	有相对运动 的配合表面	6	0.2 (0.25,0.32)		快换钻套、手动定位销
		7	0.2 (0.25,0.32)	0.4 (0.5,0.63)	导向销
		8.9	0.4 (0.5,0.63)		衬套定位销
		11	1.6 (2.0,2.5)	3.2 (4.0,5.0)	转动轴颈
	无相对运动的 配合表面	7	0.4 (0.5,0.63)	0.8 (1.0,1.25)	圆柱销
		8.9	0.8 (4.0,5.0)	1.6 (2.0,2.5)	手 柄
		自由尺寸	3.2 (4.0,5.0)		活动手柄、压板

表面形状	表　面　名　称		精度等级	外圆或外侧面	内孔或内侧面	举　例
平　面	有相对运动的配合表面	一般平面	7	0.4 (0.5,0.63)		T形槽
			8.9	0.8 (1.0,1.25)		活动V形块、叉形偏心轮、铰链两侧面
			11	1.6 (2.0,2.5)		叉头零件
		特殊配合	精确	0.4 (0.5,0.63)		燕尾导轨
			一般	1.6 (2.0,2.5)		燕尾导轨
	无相对运动的表面		8.9	0.8 (1.0,1.25)	1.6 (2.0,2.5)	定位键侧面
			特殊配合	0.8 (1.0,1.25)	1.6 (2.0,2.5)	键两侧面
	有相对运动的导轨面		精确	0.4 (0.5,0.63)		导轨面
			一般	1.6 (2.0,2.5)		导轨面
	无相对运动	夹具体基面	精确	0.4 (0.5,0.63)		夹具体安装面
			中等	0.8 (1.0,1.25)		夹具体安装面
			一般	1.6 (2.0,2.5)		夹具体安装面
		安装夹具零件的基面	精确	0.4 (0.5,0.63)		安装元件的表面
			中等	1.6 (2.0,2.5)		安装元件的表面
			一般	3.2 (4.0,5.0)		安装元件的表面
锥形表面	中　心　孔		精确	0.4 (0.5,0.63)		顶尖、中心孔、铰链侧面
			一般	1.6 (2.0,2.5)		导向定位件导向部分
	无相对运动	安装刀具的锥柄和锥孔	精确	0.2 (0.25,0.32)	0.4 (0.5,0.63)	工具圆锥
			一般	0.4 (0.5,0.63)	0.8 (1.0,1.25)	弹簧夹头、圆锥销、轴
		固定紧固用		0.4 (0.5,0.32)	0.8 (1.0,1.25)	锥面锁紧表面
紧固件表面	螺钉头部			3.2 (4.2,5.0)		螺栓、螺钉
	穿过紧固件的内孔面			6.3 (8.0,10.0)		压板孔
密封性配合面	有相对运动			0.1 (0.125,0.16)		缸体内表面
	无相对运动	软垫圈		1.6 (2.0,2.5)		缸盖端面
		金属垫圈		0.8 (1.0,1.25)		缸盖端面

表面形状	表面名称	精度等级	外圆或外侧面 内孔或内侧面	举例
定位平面		精确	0.4 (0.5,0.63)	定位件工作表面
		一般	0.8 (1.0,1.25)	定位件工作表面
孔面	径向轴承	D、E	0.4 (0.5,0.63)	安装轴承内孔
		G、F	0.8 (1.0,1.25)	安装轴承内孔
端面	推力轴承		1.6 (2.0,2.5)	安装推力轴承端面
孔面	滚针轴承		0.4 (0.5,0.63)	安装轴承内孔
刮研平面	20～25 点/25 mm×25 mm		0.05 (0.063,0.080)	结合面
	16～20 点/25 mm×25 mm		0.1 (0.125,0.16)	结合面
	13～16 点/25 mm×25 mm		0.2 (0.25,0.32)	结合面
	10～13 点/25 mm×25 mm		0.4 (0.5,0.63)	结合面
	8～10 点/25 mm×25 mm		0.8 (1.0,1.25)	结合面

注：( )中的数值为第二系列。

3.6 夹具制造和使用说明

3.6.1 制造说明

对于要用特殊方法进行加工或装配才能达到图样要求的夹具,必须在夹具的总装图上注以制造说明。其内容有以下几方面:

(1) 必须先进行装配或装配一部分以后再进行加工的表面。

(2) 用特殊方法加工的表面。

(3) 新型夹具的某些特殊结构。

(4) 某些夹具手柄的特殊位置。

(5) 制造时需要相互配作的零件。

(6) 气、液压动力部件的试验技术要求。

3.6.2 使用说明

为了正确合理地使用与保养夹具,有些夹具图中尚需注以使用说明,其内容一般包括:

(1) 多工位加工的加工顺序。

(2) 夹紧力的大小、夹紧的顺序、夹紧的方法。

(3) 使用过程中,需加的平衡装置。

(4) 装夹多种工件的说明。

(5) 同时使用的通用夹具或转台。

(6) 使用时的安全问题。

(7) 使用时的调整说明。

(8) 高精度夹具的保养方法。

4 常用工艺标准资料及其应用

4.1 机械加工定位、夹紧符号（JB/T5601—2006）

本标准规定了机械加工定位支承符号（简称定位符号）、辅助支承符号、夹紧符号和常用定位、夹紧装置符号（简称装置符号）的类型、画法和使用要求。

本标准适用于机械制造行业设计产品零、部件机械加工工艺规程和编制工艺装备设计任务书。

4.1.1 各类符号

4.1.1.1 定位支承符号（表4-1）

表4-1 定位支承符号

定位支承类型	符 号			
	独 立 定 位		联 合 定 位	
	标注在视图轮廓线上	标注在视图正面	标注在视图轮廓线上	标注在视图正面
固定式				
活动式				

注：视图正面是指观察者面对的投影面。

4.1.1.2 辅助支承符号（表4-2）

表4-2 辅助支承符号

独 立 支 承		联 合 支 承	
标注在视图轮廓线上	标注在视图正面	标注在视图轮廓线上	标注在视图正面

4.1.1.3 夹紧符号（表4-3）

表4-3 夹紧符号

夹紧动力源类型	符 号			
	独 立 夹 紧		联 合 夹 紧	
	标注在视图轮廓线上	标注在视图正面	标注在视图轮廓线上	标注在视图正面
手动夹紧				

夹紧动力源类型	符 号			
	独立夹紧		联合夹紧	
	标注在视图轮廓线上	标注在视图正面	标注在视图轮廓线上	标注在视图正面
液压夹紧	Y↓	Y↳	Y↓↓	Y↓↓
气动夹紧	Q↓	Q↳	Q↓↓	Q↓↓
电磁夹紧	D↓	D↳	D↓↓	D↓↓

注：表中的字母代号为大写汉语拼音字母。

4.1.1.4 常用装置符号（表4-4）

表4-4 常用装置符号

序号	符号	名称	简图	序号	符号	名称	简图
1	<	固定顶尖		7	〈	伞形顶尖	
2	∑	内顶尖		8	○→	圆柱心轴	
3	⟨○	回转顶尖		9	⟨▷→	锥度心轴	
4	∑	外拨顶尖		10	⟨◡→	螺纹心轴	（花键心轴也用此符号）
5	《	内拨顶尖					
6	⟨∿	浮动顶尖					

序号	符号	名称	简图	序号	符号	名称	简图
11		弹性心轴	（包括塑料心轴）	18		止口盘	
		弹簧夹头		19		拨杆	
12		三爪卡盘		20		垫铁	
				21		压板	
13		四爪卡盘		22		角铁	
14		中心架		23		可调支承	
15		跟刀架		24		平口钳	
16		圆柱衬套		25		中心堵	
17		螺纹衬套		26		V形块	
				27		软爪	

4.1.2 各类符号的画法

4.1.2.1 定位支承符号与辅助支承符号的画法

（1）定位支承符号与辅助支承符号的尺寸按图4-1规定。

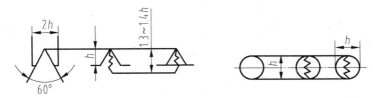

图4-1　定位支承符号与辅助支承符号的画法

（2）联合定位与辅助支承符号的基本图形尺寸应符合（1）条的规定，基本符号间的连接长度可根据工序图中的位置确定。连线允许画成折线，如表4-5序号29所示。

（3）活动式定位支承符号和辅助支承符号内的波纹形状不作具体规定。

（4）定位支承符号和辅助支承符号的线条按机械制图标准中规定的型线宽度 $b/3$，符号高度 h 应是工艺图中数字高度的 $1\sim1.5$ 倍。

（5）定位支承符号与辅助支承符号允许标注在视图轮廓的延长线或投影面的引出线上，如表4-5中的序号19所示。

（6）未剖切的中心孔引出线应由轴线与端面的交点开始，如表4-5中的序号1、2所示。

（7）在工件的一个定位面上布置两个以上的定位点，且对每个点的位置无特定要求时，允许用定位符号右边加数字的方法进行表示，不必将每个定位点的符号都画出，符号右边数字的高度应与符号的高度 h 一致。

4.1.2.2 夹紧符号画法

（1）夹紧符号的尺寸应根据工艺图的大小与位置确定。

（2）夹紧符号线条按GB4457.4中规定的型线宽度 $b/3$。

（3）联动夹紧符号的连线长度应根据工艺图的位置确定，允许连线画成折线，如表4-5中的序号28所示。

4.1.2.3 装置符号的画法

装置符号的大小应根据工艺图中的位置确定，其线条宽度按GB4457.4中规定的型线宽度 $b/3$。

4.1.3 定位、夹紧符号及装置符号的使用

（1）定位符号、夹紧符号和装置符号可单独使用，也可联合使用。

（2）当仅用符号表示不明确时，可用文字补充说明。

4.1.4 各种符号标注示例

定位、夹紧符号与装置符号的标注示例如表4-5所示。

表4-5　定位、夹紧符号与装置符号综合标注示例

序号	说　明	定位、夹紧符号标注示意图	装置符号标注或与定位、夹紧符号联合标注示意图
1	床头固定顶尖、床尾固定顶尖定位，拨杆夹紧		

序号	说　　明	定位、夹紧符号标注示意图	装置符号标注或与定位、夹紧符号联合标注示意图
2	床头固定顶尖、床尾浮动顶尖定位,拨杆夹紧		
3	床头内拨顶尖、床尾回转顶尖定位、夹紧		
4	床头外拨顶尖,床尾回转顶尖定位、夹紧		
5	床头弹簧夹头定位夹紧,夹头内带有轴向定位,床尾内顶尖定位		
6	弹簧夹头定位、夹紧		
7	液压弹簧夹头定位、夹紧,夹头内带有轴向定位		
8	弹性心轴定位、夹紧		

序号	说　　明	定位、夹紧符号标注示意图	装置符号标注或与定位、夹紧符号联合标注示意图
9	气动弹性心轴定位、夹紧,带端面定位		
10	锥度心轴定位、夹紧		
11	圆柱心轴定位、夹紧带端面定位		
12	三爪卡盘定位、夹紧		
13	液压三爪卡盘定位、夹紧,带端面定位		
14	四爪卡盘定位、夹紧,带轴向定位		
15	四爪卡盘定位、夹紧,带端面定位		

序号	说　明	定位、夹紧符号标注示意图	装置符号标注或与定位、夹紧符号联合标注示意图
16	床头固定顶尖,床尾浮动顶尖定位,中部有跟刀架辅助支承,拨杆夹紧(细长轴类零件)		
17	床头三爪卡盘带轴向定位夹紧,床尾中心架支承定位		
18	止口盘定位,螺栓压板夹紧		
19	止口盘定位,气动压板联动夹紧		
20	螺纹心轴定位、夹紧		
21	圆柱衬套带有轴向定位,外用三爪卡盘夹紧		
22	螺纹衬套定位,外用三爪卡盘夹紧		

序号	说　明	定位、夹紧符号标注示意图	装置符号标注或与定位、夹紧符号联合标注示意图
23	平口钳定位、夹紧		
24	电磁盘定位、夹紧		
25	软爪三爪卡盘定位、卡紧		
26	床头伞形顶尖,床尾伞形顶尖定位,拨杆夹紧		
27	床头中心堵,床尾中心堵定位,拨杆夹紧		
28	角铁、V 形块及可调支承定位,下部加辅助可调支承,压板联动夹紧		
29	一端固定 V 形块,下平面垫铁定位,另一端可调 V 形块定位、夹紧		

4.1.5 举例

定位夹紧符号应用及相对应的夹具结构示例如图 4-2 所示。

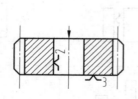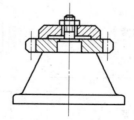

图 4-2　铣齿夹具

4.2　工艺规程格式（JB/T9165.2—1998）

4.2.1　对工艺规程填写的基本要求

（1）填写内容应简要、明确。

（2）文字要正确，应采用国家正式公布推行的简化字。字体应端正，笔画清楚，排列整齐。

（3）格式中所有的术语、符号和计量单位等，应按有关标准填写。

（4）"设备"栏一般填写设备的型号或名称，必要时还应填写设备编号。

（5）"工艺装备"栏填写各工序（或工步）所使用的夹具、模具、辅具和刀具、量具。其中属专用的，按专用工艺装备的编号（名称）填写；属标准的，填写名称、规格和精度，有编号的也可填写编号。

（6）"工序内容"栏内，对一些难以用文字说明的工序或工步内容，应绘制示意图。

（7）对工序或工步示意图的要求：

① 根据零件加工或装配情况可画向视图、剖视图、局部视图。允许不按比例绘制。

② 加工面用粗实线，非加工面用细实线表示。

③ 应表明定位基面、加工部位、精度要求、表面粗糙度、测量基准等。

④ 定位和夹紧符号按 JB/T5061 的规定选用。

4.2.2　工艺规程格式名称、编号及填写说明

（1）机械加工工艺过程卡片（格式 1）。

（2）机械加工工序卡片（格式 2）。

（3）装配工艺过程卡片（格式 3）。

（4）装配工序卡片（格式 4）。

（5）检验卡片（格式 5）。

（6）说明：

① 各格式均为规定续页，需要时可用首页去掉表头下面一次性填写的部分复制，表头、表尾不变。

② 各格式根据需要可以适当调整各栏尺寸，但幅面尺寸原则上不得改变。

③ 各种毛坯图允许用产品零件图代替。

机械加工工艺过程卡片（格式1）

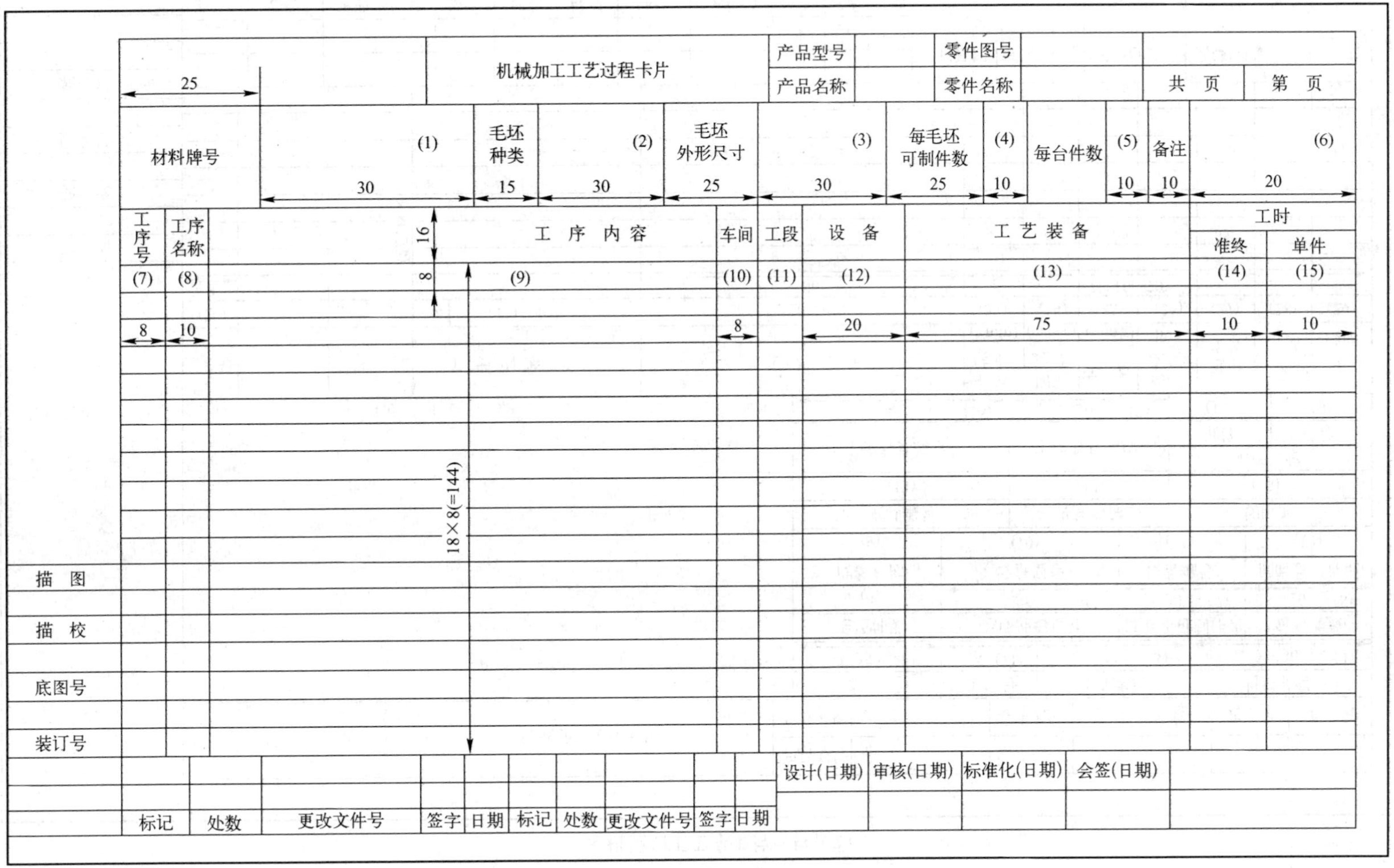

机械加工工艺过程卡片
产品型号
零件图号
产品名称
零件名称
共 页
第 页
25
材料牌号
(1)
30
毛坯种类
15
(2)
30
毛坯外形尺寸
25
(3)
30
每毛坯可制件数
25
(4)
10
每台件数
(5)
10
备注
10
(6)
20
工序号
工序名称
16
工 序 内 容
车间
工段
设 备
工 艺 装 备
工时
准终
单件
(7)
(8)
8
(9)
(10)
(11)
(12)
(13)
(14)
(15)
8
10
8
20
75
10
10
18×8(=144)
描 图
描 校
底图号
装订号
设计(日期)
审核(日期)
标准化(日期)
会签(日期)
标记
处数
更改文件号
签字
日期
标记
处数
更改文件号
签字
日期

机械加工工序卡片（格式2）

机械加工卡片		产品型号			零件图号				共 页 第 页	
		产品名称			零件名称					
	车间 (1)	工序号 (2)	工序名称 (3)					材料牌号 (4)		
	25	15	25					30		
	毛坯种类 (5)	毛坯外形尺寸 (6)	每毛坯可制件数 (7)		每台件数 (8)				
		30	20		20				
	设备名称 (9)	设备型号 (10)	设备编号 (11)		同时加工件数 (12)				
	夹具编号 (13)	夹具名称 (14)		切削液 (15)					
	工位器具编号 (16)	工位器具名称 (17)		工序工时					
	45	30		准终 (18)		单件 (19)			

工艺设备 (22) 90

工步号 (20)	工步内容 (21)	工艺设备 (22)	主轴转速 (r/min) (23)	切削速度 (m/min) (24)	进给量 (mm/r) (25)	切削深度 mm (26)	进给次数 (27)	工步工时	
								机动 (28)	辅助 (29)
8	16	90					10	7×10(=70)	

9×8(=72)

	设计(日期)	审核(日期)	标准化(日期)	会签(日期)
标记	处数	更改文件号	签字	日期
标记	处数	更改文件号	签字	日期

描 图
描 校
底图号
装订号

装配工艺过程卡片（格式3）

	装配工艺过程卡片	产品型号		零件图号		共 页
		产品名称		零件名称		第 页

工序号	工序名称	工序内容	装配部门	设备及工艺装备	辅助材料	工时定额/min
(1)	(2)	(3)	(4)	(5)	(6)	(7)
8	12		12	60	40	10

（19×8＝152）

8

描图				
描校				
底图号				
装订号				
	标记	处数	更改文件号	签字	日期

设计（日期）	审核（日期）	标准化（日期）	会签（日期）

标记	处数	更改文件号	签字	日期

装配工序卡片（格式4）

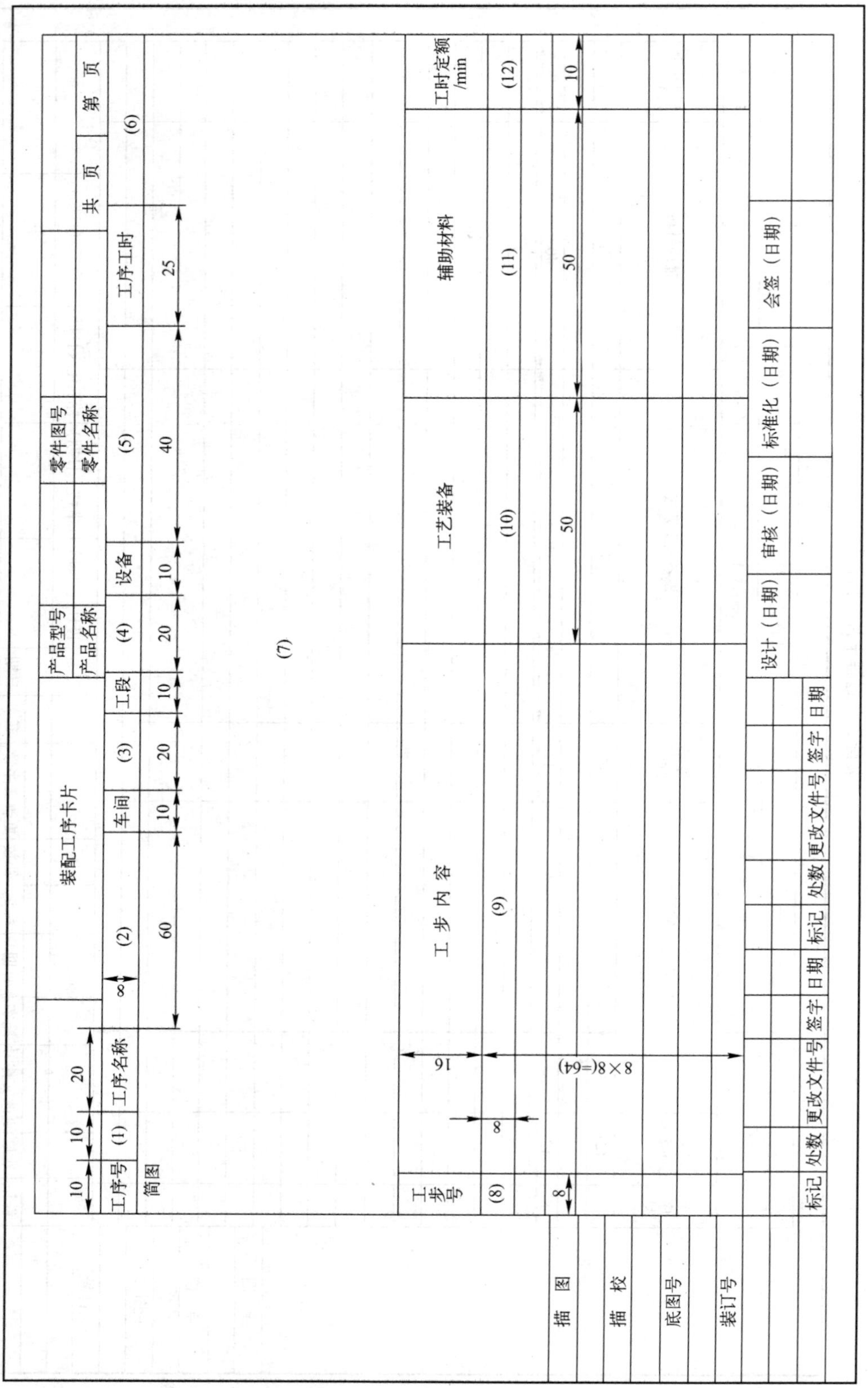

装配工序卡片	产品型号		(2)	零件图号		共　页
	产品名称			零件名称		第　页 (6)

工序号 (1)	工序名称	车间 (3)	工段 (4)	设备	工序工时
	简图 (7)				(5)

工步号 (8)	工步内容 (9)	工艺装备 (10)	辅助材料 (11)	工时定额 /min (12)

	设计（日期）	审核（日期）	标准化（日期）	会签（日期）
标记 处数 更改文件号 签字 日期				
标记 处数 更改文件号 签字 日期				

描图
描校
底图号
装订号

检验卡片（格式5）

工序号	工序名称	车间	检验项目	技术要求	检验手段	检验方案	检验操作要求		
							共 页 第 页		
					产品型号	零件图号			
					产品名称	零件名称			
(1)	(2)	(3)	(4)	(5)	(6)	(7)	(8)		

检验卡片

简图：

标记	处数	更改文件号	签字	日期		设计（日期）	审核（日期）	标准化（日期）	会签（日期）
标记	处数	更改文件号	签字	日期					

描图
描校
底图号
装订号

5　机械制造工艺学课程设计题目选编

本章共选择了26种难度适中,包含轴、套、箱体、壳体和支架等各类机械零件的图样(见图 5-1 ~ 图 5-26),以供教师在指导课程设计时作选题参考,并附机械加工工艺过程卡片和机械加工工序卡片各 1 张,供选用。

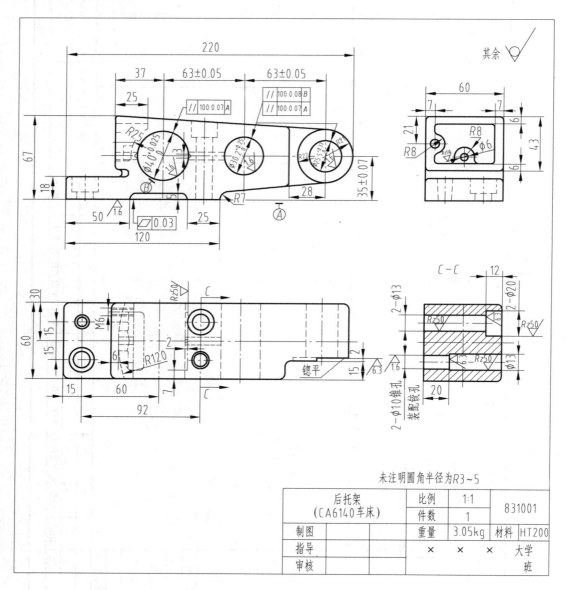

图 5-1　后托架

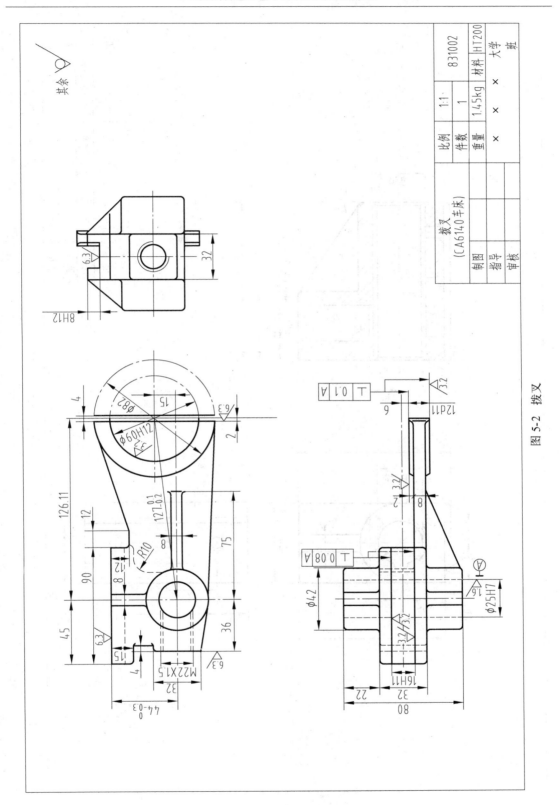

图 5-2　拨叉

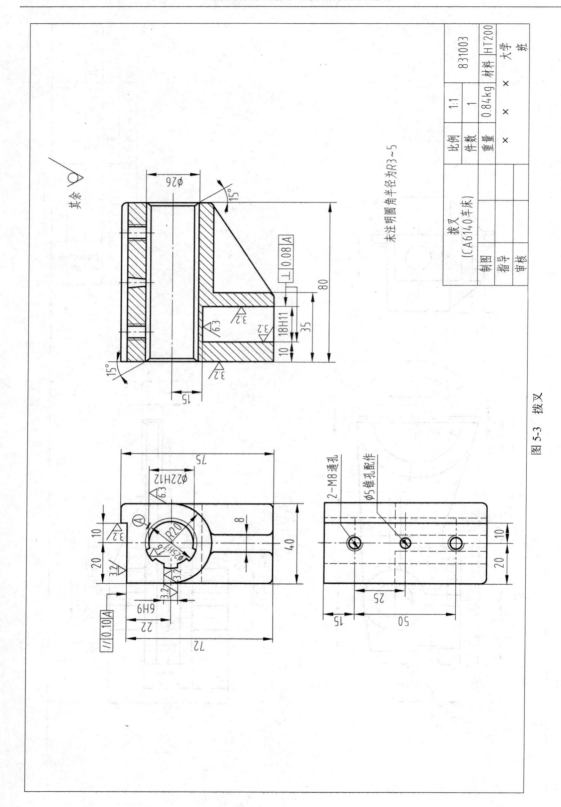

图 5-3　拨叉

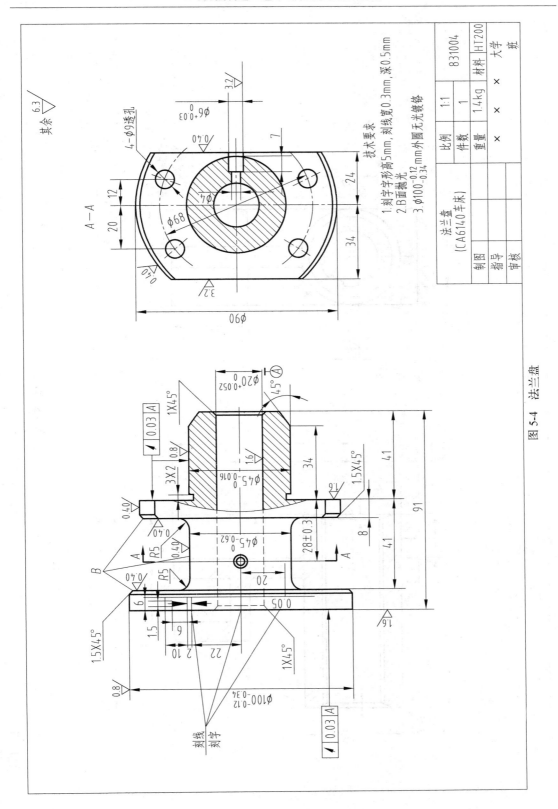

图 5-4　法兰盘

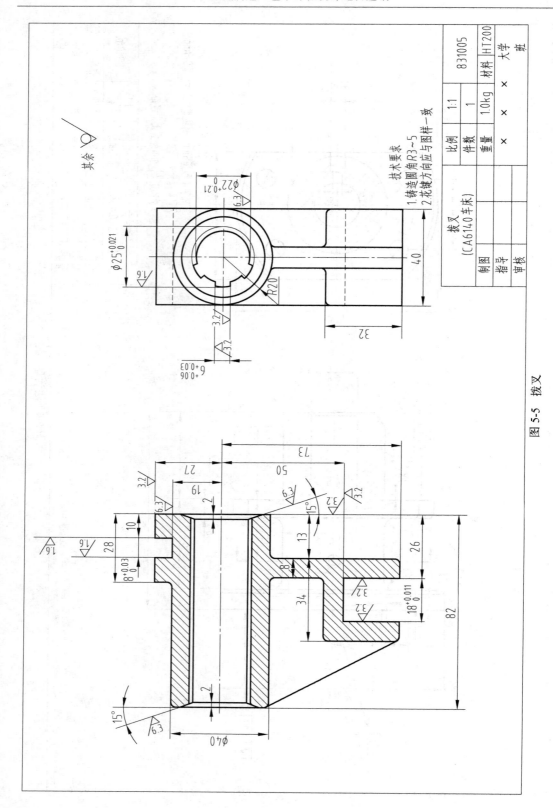

图 5-5　拨叉

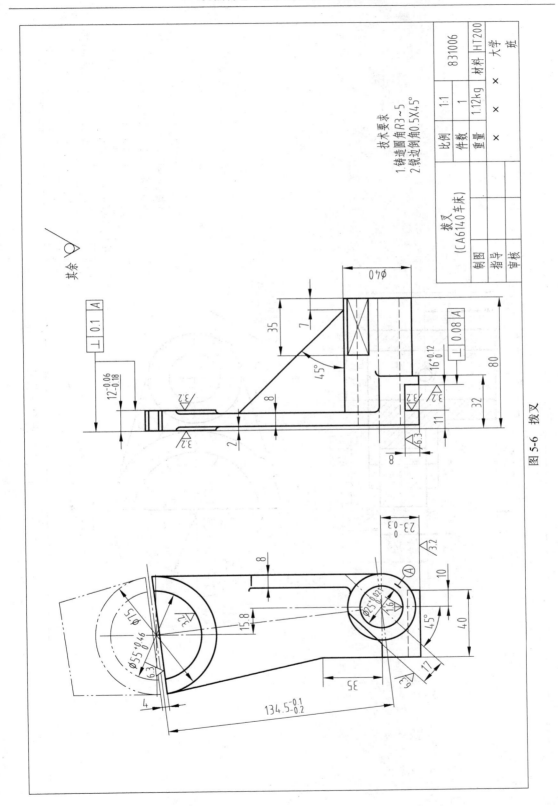

图 5-6　拨叉

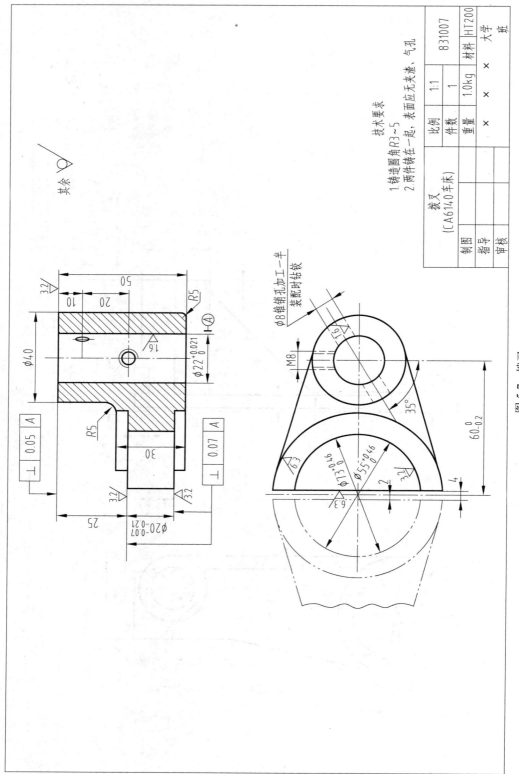

技术要求

1.铸造圆角R3~5
2.两件铸在一起，表面应无夹渣、气孔

比例	1:1	831007
件数	1	材料 HT200
重量	1.0kg	× × 大学
	×	× 班

拨叉
（CA6140车床）

制图		
指导		
审核		

图 5-7　拨叉

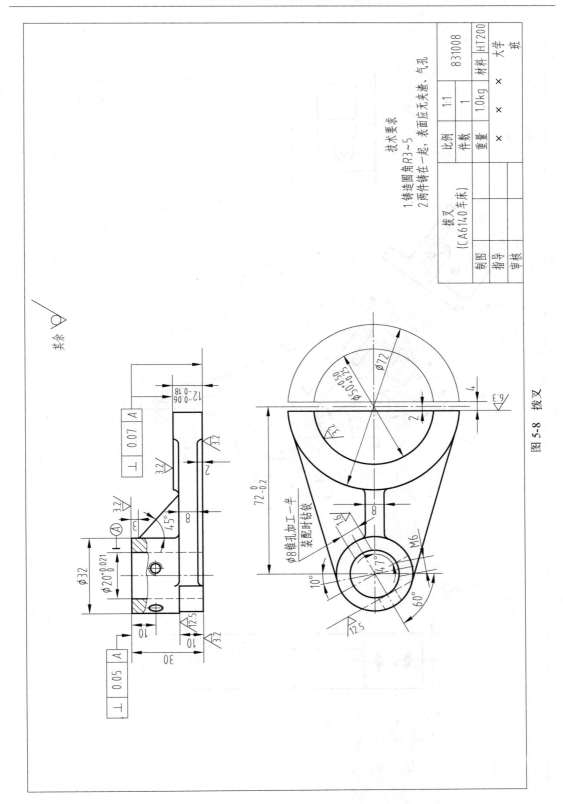

图 5-8 拨叉

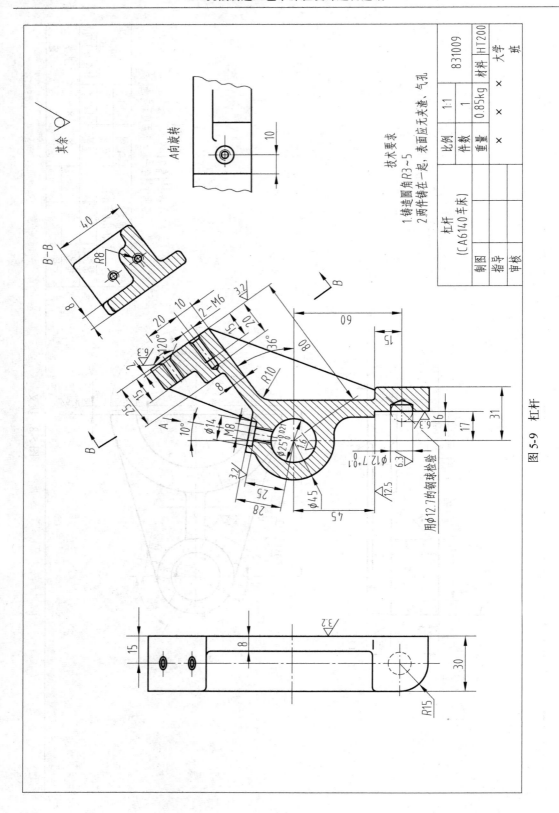

图 5-9　杠杆

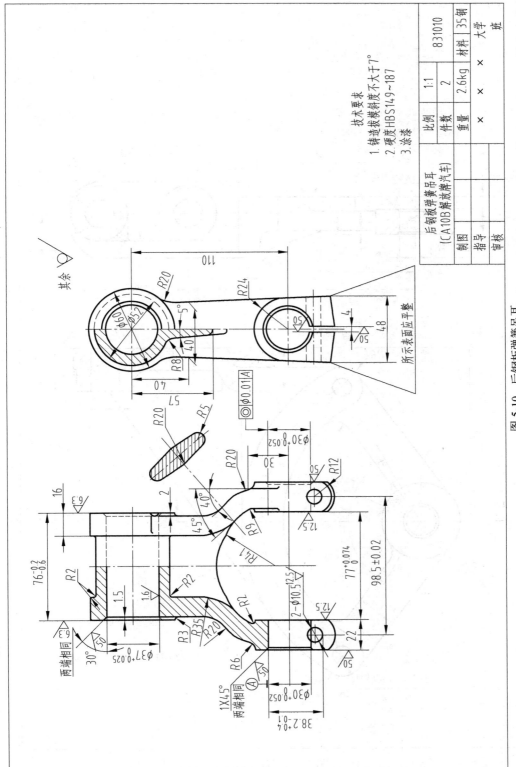

图 5-10 后钢板弹簧吊耳

技术要求
1. 铸造拔模斜度不大于7°
2. 硬度HBS149～187
3. 涂漆

比例	1:1		831010
件数	2	材料	35钢
重量	2.6kg	×	大学
×	×		班

后钢板弹簧吊耳
（CA10B解放牌汽车）

制图
指导
审核

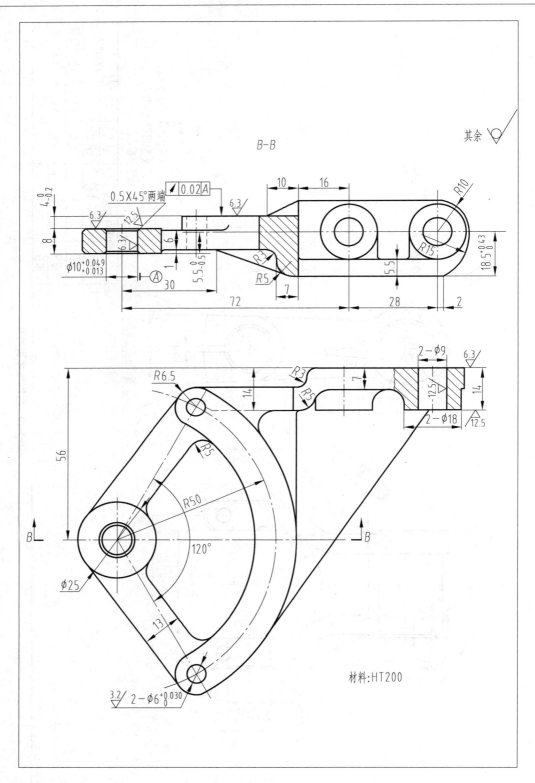

图 5-11　转速器盘

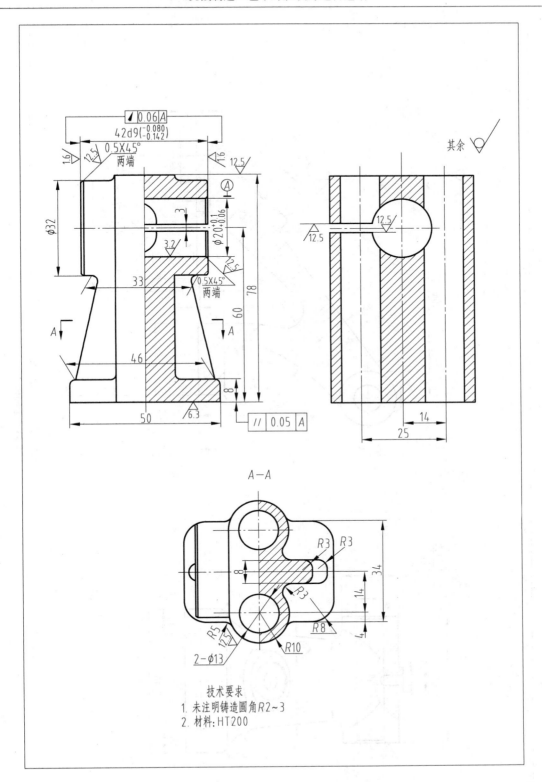

技术要求
1. 未注明铸造圆角R2~3
2. 材料:HT200

图 5-12　气门摇杆轴支座

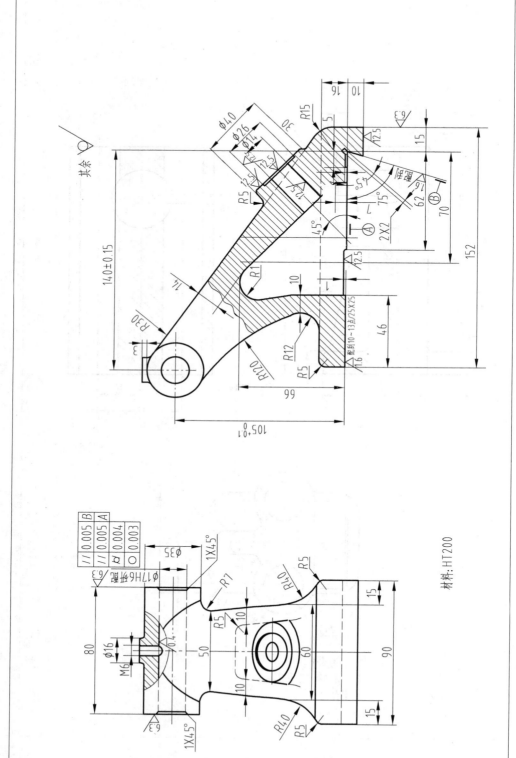

图 5-13　尾座体

材料：HT200

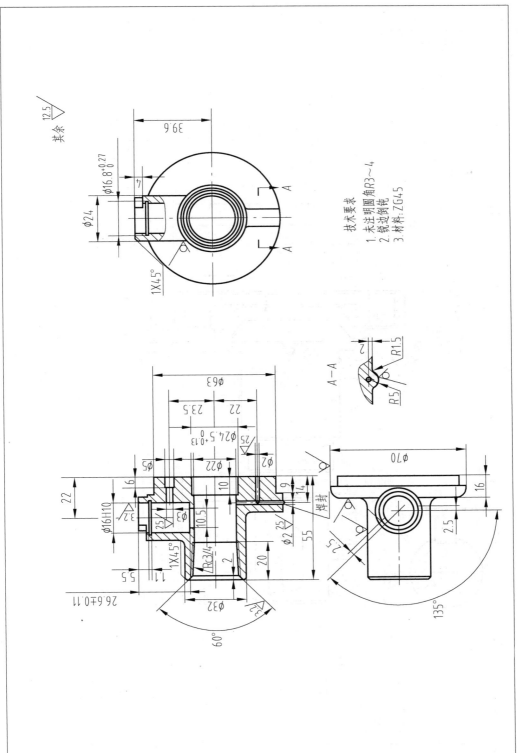

技术要求
1. 未注明圆角R3～4
2. 锐边倒钝
3. 材料:ZG45

图 5-14 油阀座

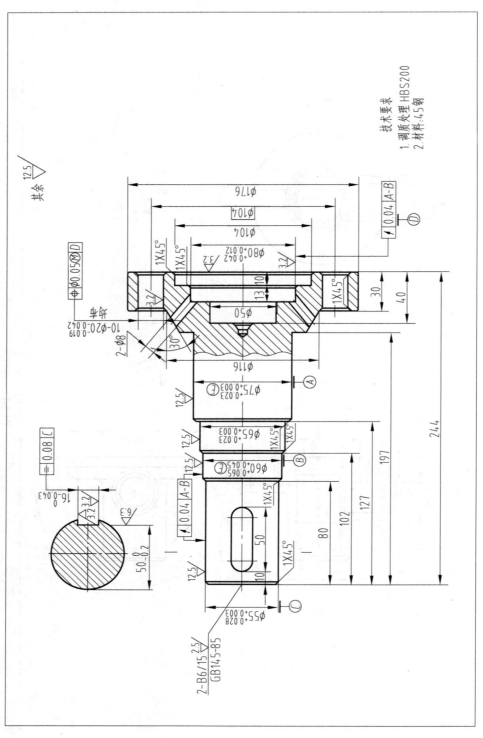

图 5-15   输出轴

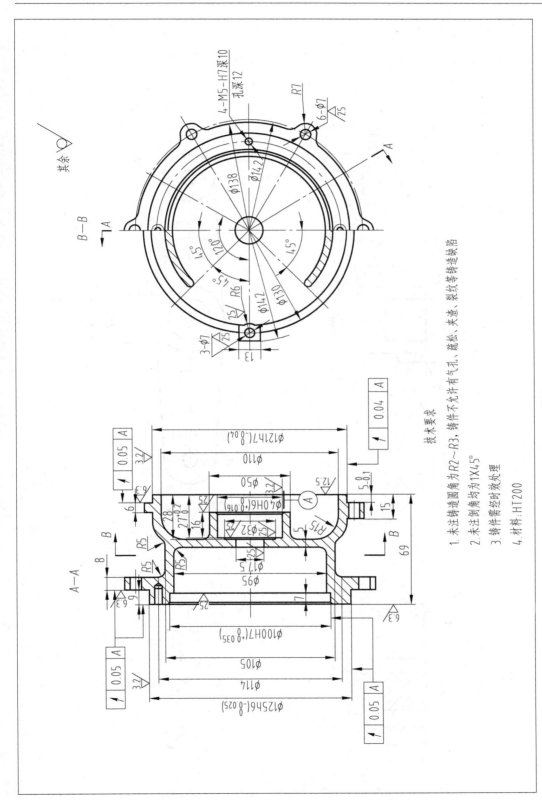

技术要求

1. 未注铸造圆角为R2~R3,铸件不允许有气孔、疏松、夹渣、裂纹等铸造缺陷

2. 未注倒角均为1X45°

3. 铸件需经时效处理

4. 材料:HT200

图 5-16　连接座

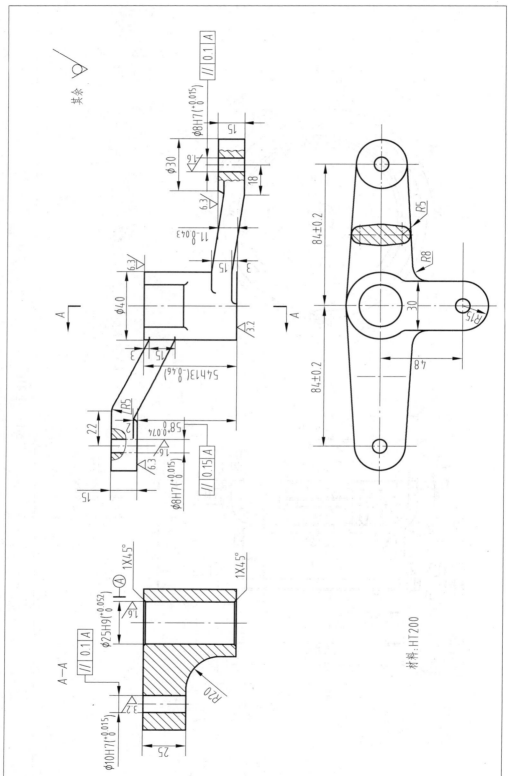

图 5-17 杠杆

材料:HT200

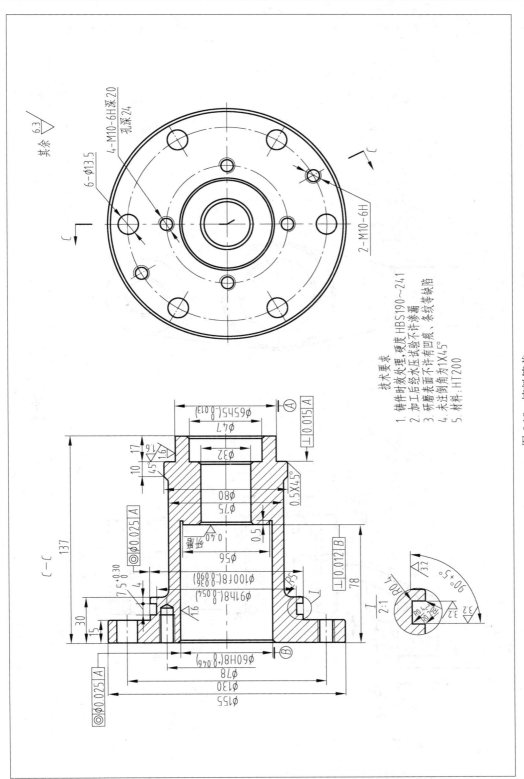

技术要求
1. 铸件时效处理,硬度 HBS190~241
2. 加工后经水压试验不许渗漏
3. 研磨表面不许有回痕、条纹等缺陷
4. 未注倒角为1×45°
5. 材料:HT200

图 5-18 填料箱盖

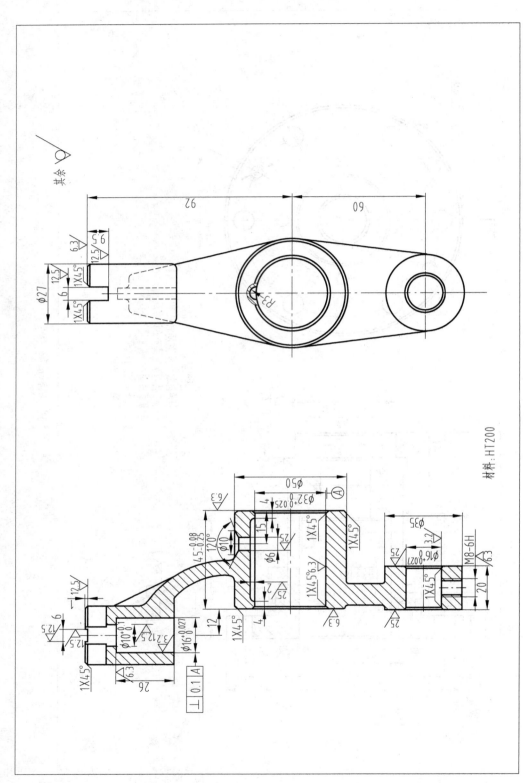

材料：HT200

图 5-19　推动架

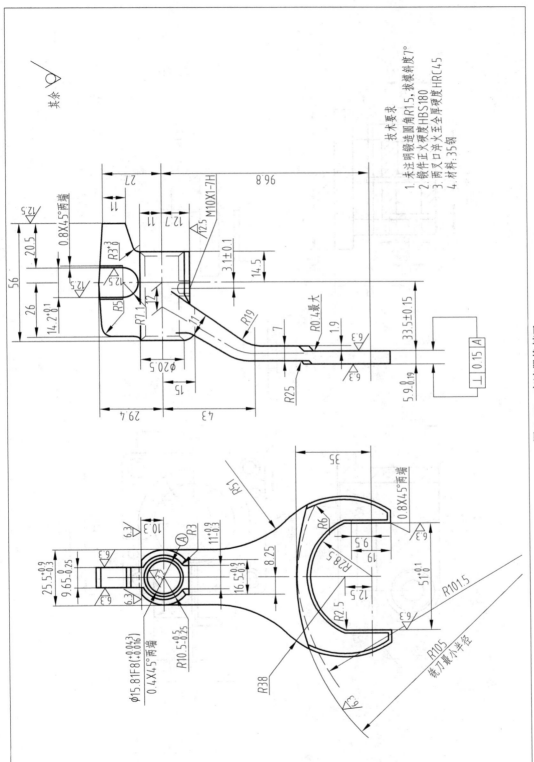

技术要求
1. 未注明锻造圆角R1.5,拔模斜度7°
2. 锻件正火硬度HBS180
3. 两叉口淬火至全厚硬度HRC45
4. 材料:35钢

图5-20　变速器换挡叉

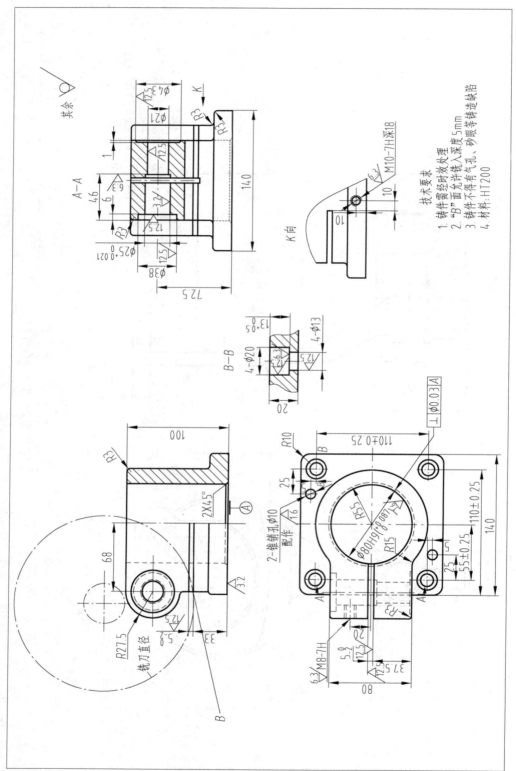

技术要求
1. 铸件需经时效处理
2. "B"面不允许铣入深度5mm
3. 铸件不得有气孔、砂眼等铸造缺陷
4. 材料:HT200

图 5-21　左支座

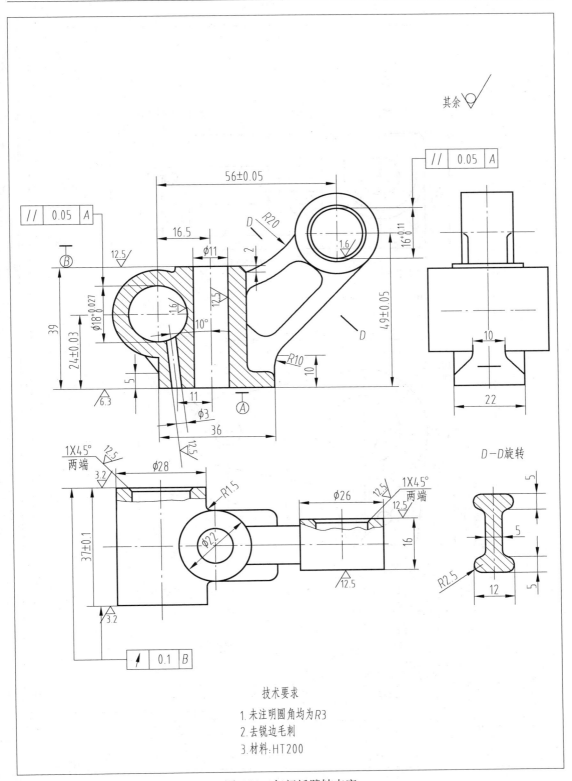

技术要求

1. 未注明圆角均为R3
2. 去锐边毛刺
3. 材料:HT200

图 5-22 气门摇臂轴支座

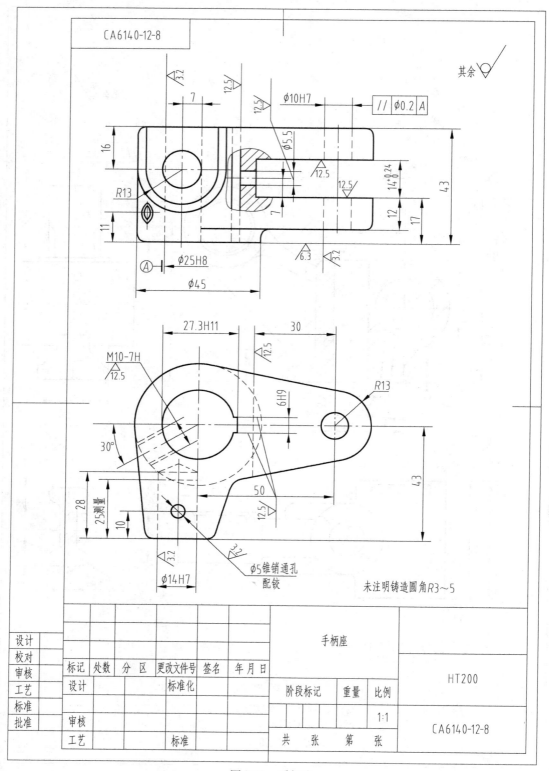

图 5-23　手柄座

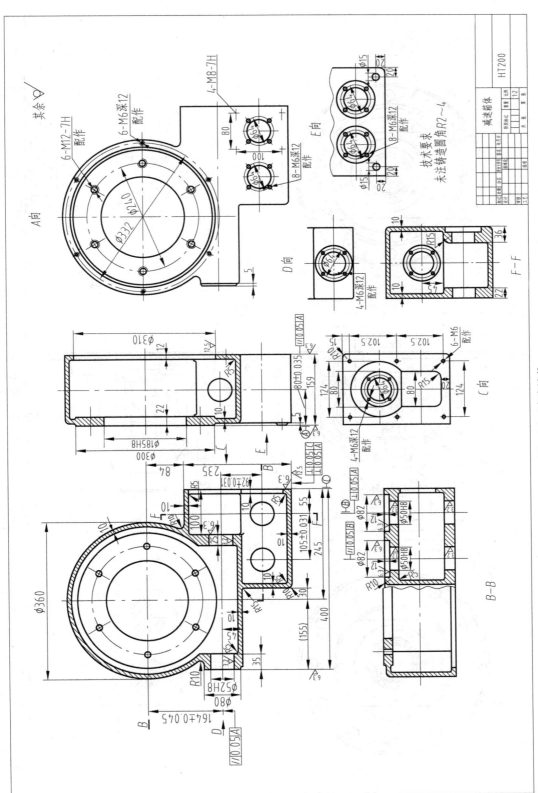

图 5-24 减速箱体

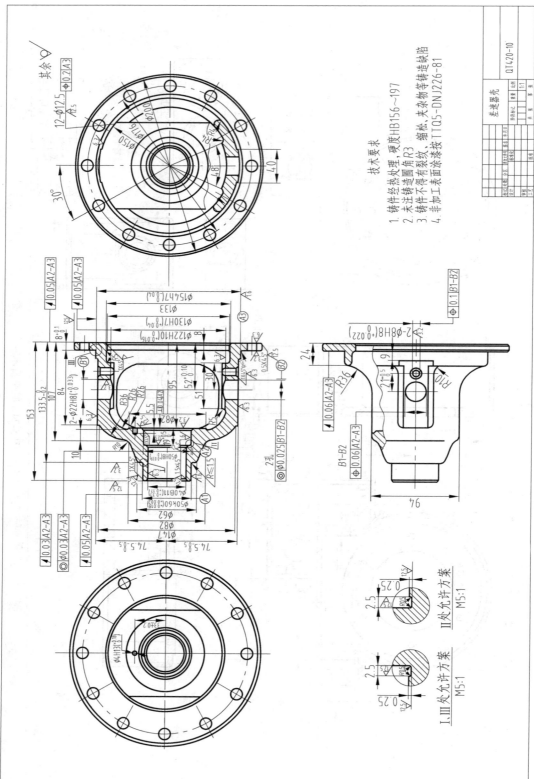

图 5-25　差速器壳

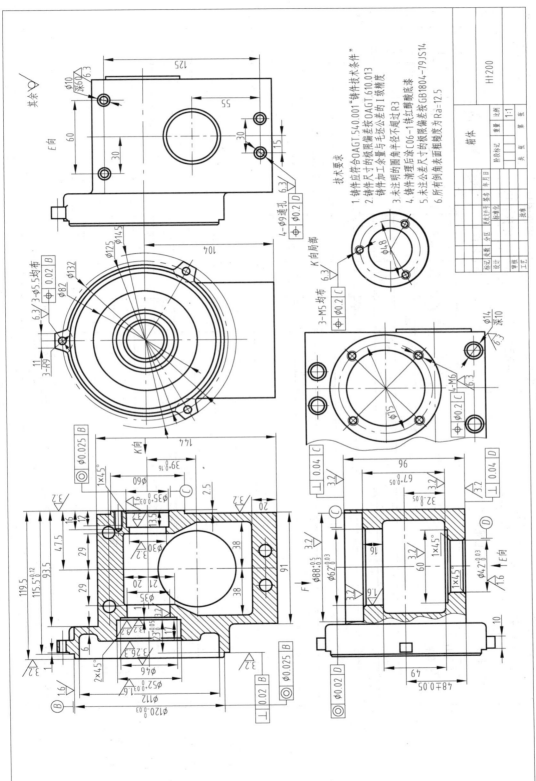

图 5-26 箱体

×××大学	机械加工工艺过程卡片		产品型号			零件图号			共　页	
工艺教研室			产品名称			零件名称			第　页	
材料牌号		毛坯种类		毛坯外形尺寸		每毛坯件数		每台件数		备注
工序号	工序名称	工序内容			车间	工段	设备	工艺装备（夹具、刀具）	工时	
									准终	单件
					编制		审核		会签	
描　图										
校　图										
底图号				标记	处数	更改文件号	签字	日期		
装订号				标记	处数	更改文件号	签字	日期		

机械加工工序卡片

×××大学	产品代号	零(部)件代号	零(部)件名称	共　张	第　张

				工序号	
			材料	名称	
				硬度	

设备	名称			夹具名称、编号	
	型号				

刀具	名称	规格		量具	名称	规格		辅具	名称	规格

技术等级	工作地点服务时间	准备及终结时间	工　时　定　额	基本时间	辅助时间	单件时间	班产量

工序号	工步名称及内容	加工表面尺寸			切削用量			
		直径或宽度	长度	加工计算长度	切深	走刀量	转速或双行程数	切削速度	走刀次数

编制	设计	审核	批准	描图	校对

参 考 文 献

［1］　赵家齐编著.机械制造工艺学课程设计指导书［M］.北京：机械工业出版社,1994.

［2］　张进生等编著.机械制造工艺与夹具设计指导［M］.北京：机械工业出版社,1995.

［3］　冷加工工艺标准汇编［M］.北京：机械电子工业部机械标准化研究所,1992.

［4］　张龙勋主编.机械制造工艺学课程设计指导书及习题［M］.北京：机械工业出版社,1993.

［5］　艾兴,肖诗钢编.切削用量简明手册［M］.北京：机械工业出版社,1994.

［6］　陈宏钧编著.机械加工工艺设计员手册［M］.北京:机械工业出版社,2009.

［7］　范孝良编著.机械制造技术基础［M］.北京:电子工业出版社,2008.

［8］　田绿竹,王新主编.机械制图［M］.北京:冶金工业出版社,2007.

冶金工业出版社部分图书推荐

书　名	作　者	定价(元)
机械振动学(第2版)(本科教材)	闻邦椿　主编	28.00
机电一体化技术基础与产品设计(第2版)(本科国规教材)	刘　杰　主编	46.00
现代机械设计方法(第2版)(本科教材)	臧　勇　主编	36.00
机械优化设计方法(第4版)	陈立周　主编	42.00
机械可靠性设计(本科教材)	孟宪铎　主编	25.00
机械故障诊断基础(本科教材)	廖伯瑜　主编	25.80
机械设备维修工程学(本科教材)	王立萍　编	26.00
机器人技术基础(第2版)(本科教材)	宋伟刚　等编	35.00
机械电子工程实验教程(本科教材)	宋伟刚　主编	29.00
机械工程实验综合教程(本科教材)	常秀辉　主编	32.00
电液比例与伺服控制(本科教材)	杨征瑞　等编	36.00
电液比例控制技术(本科教材)(中英对照)	宋锦春　主编	48.00
炼铁机械(第2版)(本科教材)	严允进　主编	38.00
炼钢机械(第2版)(本科教材)	罗振才　主编	32.00
轧钢机械(第3版)(本科教材)	邹家祥　主编	49.00
冶金设备(第2版)(本科教材)	朱　云　主编	56.00
冶金设备及自动化(本科教材)	王立萍　等编	29.00
环保机械设备设计(本科教材)	江　晶　编著	45.00
污水处理技术与设备(本科教材)	江　晶　编著	35.00
固体废物处理处置技术与设备(本科教材)	江　晶　编著	38.00
机电一体化系统应用技术(高职高专教材)	杨普国　主编	36.00
机械制造工艺与实施(高职高专教材)	胡运林　主编	39.00
数控技术及应用(高职高专教材)	胡运林　主编	34.00
液压气动技术与实践(高职高专教材)	胡运林　主编	39.00
液压可靠性最优化与智能故障诊断	湛丛昌　等著	70.00
液压元件性能测试技术与试验方法	湛丛昌　等著	30.00